R.JOHNNI HEPZIBA
RATHINAVEL SELVARAJU
BALAJI GOVINDAN

Mitigação harmónica atual usando PV-SHAPF com MHCC-DFCEA

R.JOHNNI HEPZIBA
RATHINAVEL SELVARAJU
BALAJI GOVINDAN

Mitigação harmónica atual usando PV-SHAPF com MHCC-DFCEA

ScienciaScripts

Imprint

Cover image: www.ingimage.com

This book is a translation from the original published under ISBN 978-620-4-95581-0.

Publisher:
Sciencia Scripts
is a trademark of
Dodo Books Indian Ocean Ltd. and OmniScriptum S.R.L publishing group

120 High Road, East Finchley, London, N2 9ED, United Kingdom
Str. Armeneasca 28/1, office 1, Chisinau MD-2012, Republic of Moldova, Europe
Managing Directors: Ieva Konstantinova, Victoria Ursu
info@omniscriptum.com

Printed at: see last page
ISBN: 978-620-8-62803-1

MELHORIA DO DESEMPENHO DA FILTRAGEM ATRAVÉS DA IMPLEMENTAÇÃO DO CONTROLADOR DE CORRENTE DE HISTERESE MODIFICADO - DFCEA PARADIGMA EM PV-SHAPF

RECONHECIMENTO

Antes de mais, agradeço a Deus Todo-Poderoso o facto de me ter concedido todas as condições para concluir com êxito esta investigação.

Gostaria de exprimir o meu profundo sentimento de gratidão ao meu muito respeitado e amado **Dr. G. Balaji**, Professor, Departamento de Engenharia Eléctrica e Eletrónica, Paavai Engineering College, Pachal, Namakkal, pela confiança desmedida que depositou em mim para levar a cabo a investigação numa direção alargada.

Expresso a minha profunda gratidão ao nosso ilustre **CA.N.V.Natarajan,** Presidente do Conselho de Administração, por ter proporcionado todas as facilidades necessárias para a conclusão bem sucedida da minha investigação.

Agradeço sinceramente aos membros da comissão de doutoramento, **Dr. C.Govindaraj**, Professor, Departamento de Engenharia Eléctrica e Eletrónica, Government College of Engineering, Thanjavur e **Dr.G.Arun Kumar**, Department of Electrical and Electronics Engineering, VIT University, Vellore, pelas suas valiosas sugestões em todas as fases do meu trabalho de doutoramento.

Estou grato à Direção, ao Diretor e aos membros do corpo docente do Departamento de EEE da Faculdade de Engenharia de Paavai, pelo ambiente favorável à realização do meu trabalho de investigação.

Por último, devo agradecer carinhosamente aos meus pais e irmãos pelo seu companheirismo e apoio durante o período da minha investigação. Agradeço igualmente a todos os que, direta ou indiretamente, me ajudaram a concluir com êxito o meu trabalho de investigação.

ÍNDICE DE CONTEÚDOS

RECONHECIMENTO 2

ÍNDICE DE CONTEÚDOS 3

INTRODUÇÃO 4

REVISÃO DA LITERATURA 26

MODELAÇÃO E SIMULAÇÃO DE UM SISTEMA DE PRODUÇÃO DE ENERGIA FOTOVOLTAICA 48

UM CONTROLADOR DE CORRENTE DE HISTERESE MODIFICADO COM DFCEA PARA ATENUAÇÃO DE HARMÓNICAS DE CORRENTE UTILIZANDO PV-SHAPF 67

SIMULAÇÃO E VALIDAÇÃO EXPERIMENTAL 90

RESULTADOS E DEBATES 106

CONCLUSÃO E ÂMBITO FUTURO 118

CAPÍTULO 1

INTRODUÇÃO

1.1 CONTEXTO GERAL

Na intrincada tapeçaria dos sistemas de energia eléctrica, a proliferação de cargas não lineares surgiu como um desafio significativo, lançando ondas de complexidade nos sistemas de transmissão e nas instalações fotovoltaicas (PV). As cargas não lineares (NLL), que incluem dispositivos como rectificadores controlados/não controlados, variadores de velocidade e fontes de alimentação comutadas, apresentam comportamentos que se desviam do padrão sinusoidal simples caraterístico das cargas lineares. Estes dispositivos introduzem harmónicas de tensão e corrente, tecendo uma sinfonia discordante na rede de transmissão. As harmónicas de corrente e de tensão, resultantes de cargas não lineares, são perturbações que perturbam a pureza do sinal de potência. A métrica conhecida como Distorção Harmónica Total (THD) representa a relação entre a potência dos sinais corrompidos e a potência das suas partes constituintes, tornando-se um indicador crucial da saúde harmónica do sistema. À medida que as energias renováveis, em particular os sistemas fotovoltaicos, se entrelaçam com as redes de transmissão convencionais, o desafio dos harmónicos intensifica-se.

No domínio dos sistemas de transmissão, a infiltração de harmónicas constitui uma ameaça para a estabilidade e a eficiência de toda a rede. As frequências destes harmónicos, que são múltiplos inteiros da frequência fundamental, conduzem a perdas acrescidas, distorções de tensão e potenciais danos no equipamento. As consequências de tais distorções harmónicas são de grande alcance, afectando a fiabilidade do fornecimento de energia e a longevidade dos dispositivos eléctricos ligados (Carnovale & Hronek 2009). A integração de sistemas fotovoltaicos, anunciada como uma solução de energia sustentável, amplifica ainda mais o problema das harmónicas. A intermitência e a imprevisibilidade inerentes à produção de energia solar colocam desafios únicos na mitigação de harmónicas. À medida que mais sistemas fotovoltaicos alimentam as redes de transmissão de energia, a necessidade de abordar e reduzir os harmónicos de tensão e corrente torna-se imperativa para garantir a integração perfeita das FER.

Em resposta ao imperativo de reduzir a THD e manter a estabilidade do sistema, os filtros de potência tornaram-se fundamentais. Entre estes filtros, os filtros activos, os filtros passivos e os filtros híbridos são utilizados para atenuar os efeitos adversos dos harmónicos de tensão e de corrente introduzidos pelas NLL. Os filtros activos de potência em derivação (SHAPF) destacam-se como uma solução promissora, oferecendo uma melhor atenuação dos harmónicos de corrente (CH) e a correção da potência reactiva (Q).

A eficácia dos SHAPFs depende de vários factores críticos, incluindo o método de controlo utilizado no inversor, a conceção do conversor de fonte de tensão (VSC), a abordagem de controlo do conversor e a tecnologia utilizada para gerar a corrente de referência (RC). Em particular, o algoritmo de controlo da tensão CC desempenha um papel fundamental na manutenção da tensão no barramento CC do inversor num nível de referência, contribuindo para a atenuação dos harmónicos de corrente. Igualmente cruciais são os algoritmos de extração RC, que determinam o desempenho do SHAPF ao extrair com precisão as correntes harmónicas.

1.2 DEFINIÇÃO DE THD E SEU PAPEL NA AVALIAÇÃO DA DISTORÇÃO DO SINAL

A THD é uma métrica fundamental no domínio da engenharia eléctrica, servindo como uma medida quantitativa para avaliar a fidelidade e a pureza das formas de onda eléctricas. Na sua essência, a THD engloba o grau em que um sinal se desvia da sua forma sinusoidal ideal. É expressa como a relação entre a soma das potências de todos os componentes harmónicos e a potência da frequência fundamental. Na sua essência, a THD fornece uma representação numérica clara e concisa da extensão da distorção presente num sinal (Carnovale & Hronek 2009). Quanto mais elevado for o valor da THD, maior é o desvio de uma forma de onda sinusoidal pura. Este desvio é frequentemente o resultado de não linearidades introduzidas por vários componentes de um sistema elétrico, tais como dispositivos semicondutores, transformadores e conversores electrónicos de potência.

A THD é particularmente crucial na avaliação da distorção do sinal porque oferece uma medida padronizada e objetiva para comparar diferentes formas de onda. Ao quantificar o conteúdo harmónico de um sinal, os engenheiros e investigadores podem caraterizar com precisão a qualidade da energia eléctrica que está a ser gerada ou transmitida. Em aplicações em que a integridade do sinal é fundamental, como em sistemas de distribuição de energia ou equipamento eletrónico sensível, é imperativo compreender e atenuar a THD. Além disso, a THD desempenha um papel fundamental no diagnóstico e na resolução de problemas de qualidade da energia. Funciona como uma ferramenta de diagnóstico, ajudando na identificação de potenciais problemas nas redes eléctricas. Níveis excessivos de THD podem levar a uma série de problemas, incluindo aumento de perdas, sobreaquecimento de equipamentos e interferência com sistemas de comunicação.

1.3 FONTES DE HARMÓNICAS, SEU EFEITO E IMPACTO NA QUALIDADE DA ENERGIA (PQ)

Harmónicas

O equipamento de energia eléctrica destina-se a funcionar com frequências de 50 Hz ou 60 Hz. As variações de tensão e de corrente são provocadas pelas exigências não lineares e pela eletrónica de potência. As frequências contaminadas de tensão e de corrente serão múltiplos inteiros das frequências fundamentais. Os harmónicos referem-se à imposição de frequências diferentes da componente fundamental. Existem dois tipos de harmónicas colocadas no sector da energia: as assíncronas e as síncronas (Pouresmaeil *et al.* 2010). Com frequências que são múltiplos da frequência fundamental, os harmónicos síncronos têm uma estrutura sinusoidal. Existem duas categorias para os harmónicos síncronos: os subharmónicos e os superharmónicos. Com frequências que são múltiplos da frequência fundamental, os harmónicos assíncronos são de natureza não sinusoidal. A Figura 1.1 apresenta várias ordens de harmónicas.

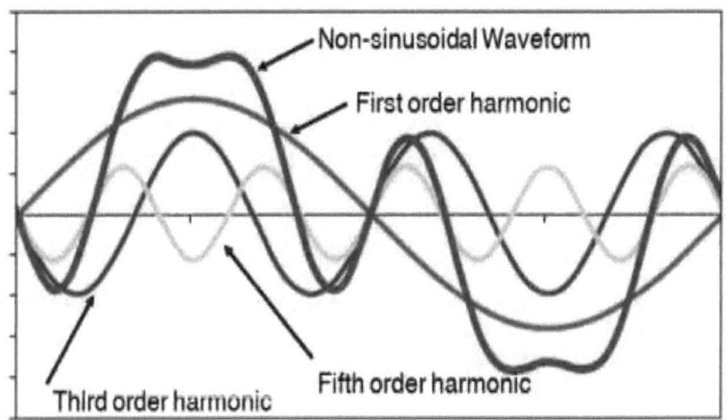

Figura 1.1 Ordens harmónicas múltiplas e respectiva forma de onda

Os harmónicos têm diversas origens, com a comutação rápida em dispositivos electrónicos de potência, fontes tradicionais como máquinas eléctricas rotativas e transformadores, e equipamentos electrónicos modernos, que são os principais contribuintes (Xiaolin Mao *et al.* 2009). No panorama industrial atual, as tecnologias avançadas desempenham um papel fundamental, em especial os sistemas de semicondutores de potência que utilizam rectificadores controlados ou não controlados por fase, inversores, cicloconversores, controladores de tensão CA e conversores. Estas tecnologias são fundamentais para a geração de correntes harmónicas substanciais, especificamente as da 3ª, 5ª, 7ª, 9ª e seguintes ordens.

As fontes tradicionais, como as máquinas eléctricas rotativas, os transformadores e os reactores, são conhecidas por gerarem componentes de corrente e tensão com conteúdo de alta frequência. Os rotores das máquinas de corrente alternada têm muitas vezes defeitos como desequilíbrio de pares, desalinhamento angular, mau eixo e folga mecânica, contribuindo todos eles para a geração de harmónicas. Além disso, as caraterísticas não lineares dos transformadores com núcleo de ferro levam à produção de harmónicas de ordem ímpar , resultado da natureza não linear da densidade do fluxo e da intensidade do campo magnético.

Outro fator significativo que contribui para a geração de grandes correntes harmónicas é a utilização de variadores de velocidade ajustáveis (ASD) para aplicações de controlo de velocidade. Apesar da eficiência energética das lâmpadas fluorescentes em comparação com as incandescentes, estas geram correntes harmónicas substanciais durante o funcionamento (Liew 1989). Além disso, a adoção generalizada de computadores pessoais levou a uma proliferação generalizada da geração de correntes harmónicas em edifícios comerciais.

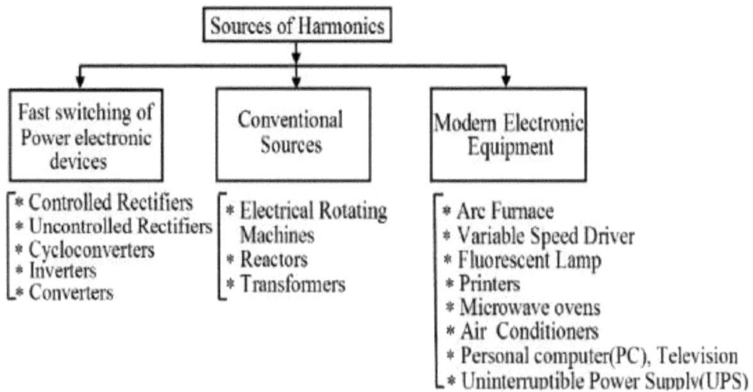

Figura 1.2 Fontes de harmónicos

Efeitos dos harmónicos

As harmónicas podem criar interferências e perturbações nas redes PS, e o seu principal impacto é o sobreaquecimento de componentes em série, como transformadores e cabos. À medida que a distorção da corrente aumenta, o efeito de aquecimento torna-se mais pronunciado, especialmente para os transformadores cuja resistência aumenta com a frequência (Subjak et al. 1990). Os harmónicos de ordem mais elevada, em particular, conduzem a um maior aquecimento por Ampere em comparação com o componente fundamental, exigindo frequentemente a desclassificação dos transformadores na presença de formas de onda de corrente fortemente distorcidas. Embora os cabos e as linhas também sejam afectados, o impacto é geralmente menos significativo.

Os harmónicos de ordem inferior representam um risco para as máquinas rotativas, enquanto os harmónicos de ordem superior afectam principalmente as baterias de condensadores. A distorção de tensão harmónica elevada representa um desafio para cargas electrónicas sensíveis, com o impacto intimamente ligado à forma de onda real, incluindo entalhes e múltiplos cruzamentos de zero (Ahmed et al. 2018).

A presença de correntes de terceira harmónica é digna de nota devido à corrente substancial que introduzem através do condutor neutro. Se o condutor neutro não for concebido para suportar uma corrente significativa e não tiver proteção contra sobrecargas, pode ocorrer sobreaquecimento. Muitas cargas monofásicas geram correntes de terceira harmónica substanciais, aumentando o risco de sobrecarga do neutro, especialmente em instalações de baixa tensão com uma presença significativa de computadores ou iluminação economizadora de energia...

Impacto das harmónicas na qualidade da energia (PQ):

O conteúdo elucida como os problemas de PQ, originados por cargas não lineares, criam um ambiente desafiante para a eletrónica sensível. As flutuações de tensão induzidas por harmónicos podem perturbar o funcionamento ininterrupto de equipamento médico, comprometer a fiabilidade da transmissão de dados em sistemas de comunicação e comprometer a integridade de sistemas electrónicos sensíveis. Ao estabelecer uma ligação clara entre cargas não lineares e problemas de PQ, a narrativa sublinha a urgência de abordar os harmónicos para preservar a integridade e a funcionalidade dos equipamentos electrónicos sensíveis (Balasubramaniam et al. 2019). Ao desvendar a ligação entre cargas não lineares e problemas de PQ, a narrativa prepara o terreno para estratégias abrangentes para mitigar os desafios colocados pelos harmónicos no domínio da eletrónica sensível. Os problemas típicos de PQ são compilados na Figura 1.3.

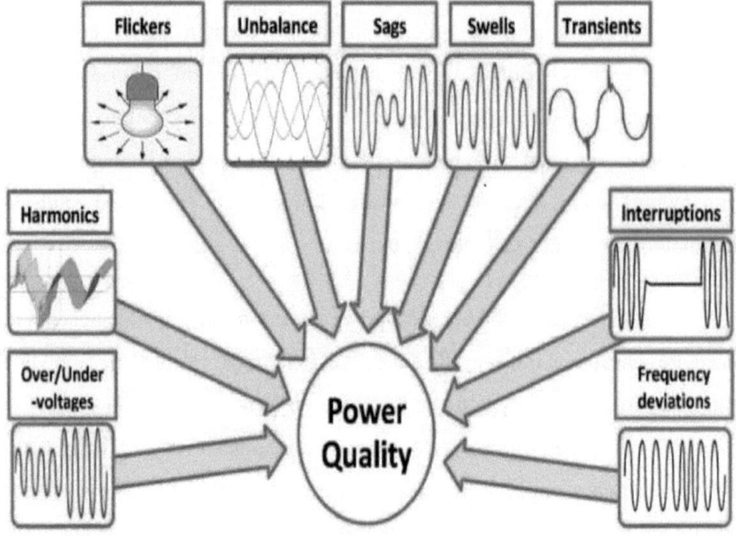

Figura 1.3 Os problemas prevalecentes na qualidade da energia

Normas PQ para os harmónicos de corrente (CH)

A redução dos harmónicos de tensão e de corrente tornou-se uma questão cada vez mais importante à medida que as cargas de eletrónica de potência na indústria da energia aumentaram. Quando são introduzidas na rede eléctrica, as CH causam mais efeitos nocivos nos aparelhos de potência do que as harmónicas de tensão. Por conseguinte, nesta secção é apresentado um breve resumo da norma IEEE 519-1992. A norma IEEE 519-1992, IEEE suggested procedures and requirements for harmonic control in electric PS, fornece uma base para a redução dos harmónicos de corrente e tensão para proteger o equipamento elétrico. A tensão e o limite CH indicam-nos a quantidade máxima de corrente harmónica que um cliente pode colocar na linha de alimentação. A Tabela 1.1 apresenta os limites de harmónicas de tensão.

Tabela 1.1 Norma IEEE 519-1992 Limites de tensão harmónica

Voltage Level	Voltage Distortion in %	Total voltage distortion in %
Below 69 kV	3.0	5.0
69 kV to 161 kV	1.5	2.5
161 kV and above	1.0	1.5

O limite para o CH restringir os harmónicos impostos à corrente é também fornecido pela norma IEEE 519-1992. As limitações do CH são apresentadas na Tabela 1.2.

Tabela 1.2 Norma IEEE 519-1992 Limites de corrente harmónica

Maximum Harmonic Current Distortion in % of I_L						
Individual Harmonic Order						
I_{sc}/I_L	<11	11≤h≤17	17≤h≤23	23≤h≤35	35≤h	TDD
< 20	4	2	1.5	0.6	0.3	5
20<50	7	3.5	2.5	1	0.8	8
50<100	10	4.5	4	1.5	0.7	12
100<1000	12	5.5	5.0	2	1	15
>1000	15	7	6	2.5	1.4	20

A prática sugerida deve responsabilizar os utilizadores pela manutenção da qualidade da tensão e da corrente que a empresa de eletricidade fornece. Sugere também que a empresa de eletricidade forneça aos seus consumidores eletricidade isenta de harmónicas.

1.4 TÉCNICAS DE ATENUAÇÃO DE HARMÓNICAS

A aplicação de NLLs em redes de distribuição de energia eléctrica tem aumentado drasticamente nos últimos anos. Esta tendência pode ser atribuída ao aumento da utilização de variadores de velocidade, rectificadores que funcionam em modos controlados e não controlados e fornos de arco. No entanto, a adoção destas cargas não lineares introduz uma séria ameaça de harmónicos de tensão e corrente nos sistemas de distribuição de energia. Estas harmónicas, por sua vez, contribuem para a interferência electromagnética, o aumento das perdas, as falhas dos condensadores devido ao aumento da sobrecarga de carga, a ressonância e outros problemas.

Uma técnica eficaz envolve a implementação de filtros passivos de baixo custo e altamente eficientes. Estes filtros funcionam para reduzir o acoplamento entre as utilidades. Além disso, a supressão de harmónicas é conseguida através da implementação de filtros passivos ligados em paralelo que oferecem baixa impedância em diferentes frequências de harmónicas. Embora esta solução seja amplamente aceite, tem limitações, nomeadamente a quantidade fixa de potência reactiva que pode afetar a regulação da tensão no ponto de acoplamento comum (PCC). Estes filtros activos são estrategicamente instalados a seguir a cada carga não linear, proporcionando uma abordagem mais dinâmica e adaptável à atenuação das harmónicas.

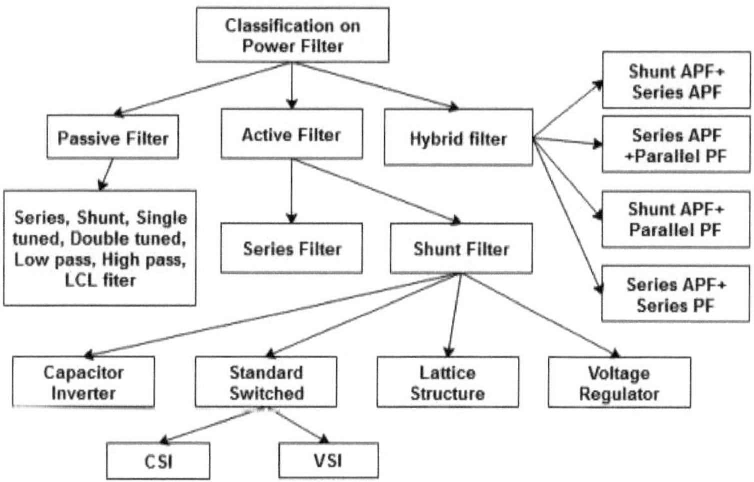

Figura 1.4 Diagrama em árvore dos filtros de potência

Os filtros activos são constituídos por um modulador de largura de pulso (PWM) trifásico, um inversor e uma unidade de controlo. São classificados como filtros activos série, shunt e híbridos com base na sua configuração, proporcionando uma solução melhorada para a qualidade da energia em comparação com os filtros passivos. A Figura 1.4 mostra o diagrama em árvore da classificação dos filtros de potência e a Tabela 1.3 descreve os prós e contras gerais das várias classificações de filtros de potência.

Uma solução notável de filtro ativo (FA) é o filtro ativo de potência em derivação (SHAF), uma escolha popular que trata eficazmente os efeitos harmónicos, corrigindo o fator de potência. O SAF também facilita o trabalho com um compensador de potência reactiva, melhorando assim ainda mais a qualidade de energia do sistema. Além disso, o SHAPF oferece caraterísticas de compensação variável, maior fiabilidade do sistema num ambiente livre de poluição e um tamanho compacto. No entanto, é essencial reconhecer certas limitações associadas aos filtros activos série, principalmente devido à sua classificação mais elevada, o que os torna uma opção relativamente cara para a melhoria da qualidade da energia.

Tabela 1.3 Vantagens e desvantagens de vários tipos de filtros de potência

Type of Filter	Advantages	Disadvantages
Passive filter	• Harmonic reduction and the compensation for reactive power are possible • The absence of undesirable harmonics	• It causes unwanted resonance problem • Incapable of adjusting to the varying conditions in the system and their size • Frequency tuning is less accurate and needs more calculations • Heavy and bulky. • Harmonic suppression is fixed
Active filter	• Compensate all harmonics with precise control techniques • Block resonance • Simpler, more accurate tuning • Could be used when harmonics differ randomly. • Harmonic suppression is adjustable • Small size	• High initial and running cost • Required high rating of power converters • Due to the usage of power electronic devices, the inherent harmonics are developed • Power converter switching loss is significant due to high voltage and high current.
Hybrid filter	• Effectually reduce the overall cost and capacity of the power converter. • compensating both current and voltage harmonics • No resonance problem • Better reactive power management	• It required an additional transformer to couple the passive filter with the active filter • Harmonic suppression is fixed • Relatively poor dynamic performance and are less suitable for highly dynamic types of load.

Apesar disso, os filtros activos em série contribuem para melhorar o desempenho harmónico do sistema de energia, embora com compromissos na classificação e no custo do sistema (Bhim Singh et al. 2015).

Os filtros híbridos evoluíram como uma solução para os problemas acima referidos. Os filtros híbridos melhoram a qualidade da energia e atenuam os harmónicos de uma forma rentável. No entanto, estes filtros requerem mais teoria de conceção e controlo. Isto inclui a utilização da teoria da potência instantânea, filtros de entalhe de frequência única, controlador baseado na teoria do fluxo, teoria relacionada com o equilíbrio de potência, método de controlo da corrente de histerese, método de referência síncrona, método de controlo direto, teoria d-q, controlador livre e controlo de batimento morto. Estas técnicas são soluções comprovadas para melhorar o desempenho harmónico em filtros activos e híbridos.

A redução de harmónicas num sistema de energia como o filtro ativo de condensador comutado é estabelecida utilizando muitos controladores e algoritmos de otimização, nomeadamente o controlador PLL baseado na lógica difusa, o controlador baseado na rede neural, o controlador de modo deslizante, os controladores que exploram o algoritmo de colónia de formigas e o algoritmo genético.

1.5 VISÃO GERAL DO SHAPF

Como o nome sugere, sempre que existe uma fonte de harmónicas, o SHAPF é ligado em paralelo à rede PS. O seu principal objetivo é anular a corrente não sinusoidal ou harmónica que é produzida quando uma carga não linear está presente no sistema de alimentação. Para tal, produz uma corrente que é igual à corrente harmónica, mas que está fora de fase, ou 180 graus fora de fase em relação à corrente harmónica. De acordo com El-Habrouk et al. (2000), a SHAPF utiliza normalmente um VSI controlado por corrente (inversor IGBT), que produz corrente de compensação (ic) para compensar a componente harmónica da corrente de linha da carga e mantém uma forma de onda sinusoidal da corrente de origem. A corrente harmónica de compensação no SHAPF pode ser gerada utilizando diferentes estratégias de controlo da corrente para aumentar o desempenho do sistema, atenuando os harmónicos de corrente presentes na corrente de carga.

Um SHAPF com alimentação trifásica e NLL é uma solução sofisticada concebida para mitigar os problemas de qualidade de energia decorrentes da distorção causada pelas NLLs nos sistemas eléctricos. Vamos analisar os seus componentes e funcionalidades. Vamos aprofundar uma explicação detalhada de um SHAPF que funciona com uma alimentação trifásica e atenua os efeitos de cargas não lineares, abrangendo os seus componentes, controlador de corrente e geração de corrente de referência. A estrutura de um SHAPF é ilustrada na Figura 1.5.

Alimentação trifásica

O SHAPF funciona no contexto de um sistema de alimentação eléctrica trifásico, que é uma configuração comum em ambientes industriais e comerciais. Nesses sistemas, a energia é distribuída através de três condutores, cada um transportando uma forma de onda de corrente alternada com uma diferença de fase de 120 graus. Esta configuração é eficiente para fornecer energia a longas distâncias e é amplamente utilizada em várias aplicações.

Carga não linear (NLL)

As cargas não lineares introduzem distorções harmónicas no sistema elétrico, muitas vezes caracterizadas por dispositivos como rectificadores, variadores de velocidade e outros componentes electrónicos que retiram correntes não sinusoidais da fonte de alimentação. Estas distorções podem levar a

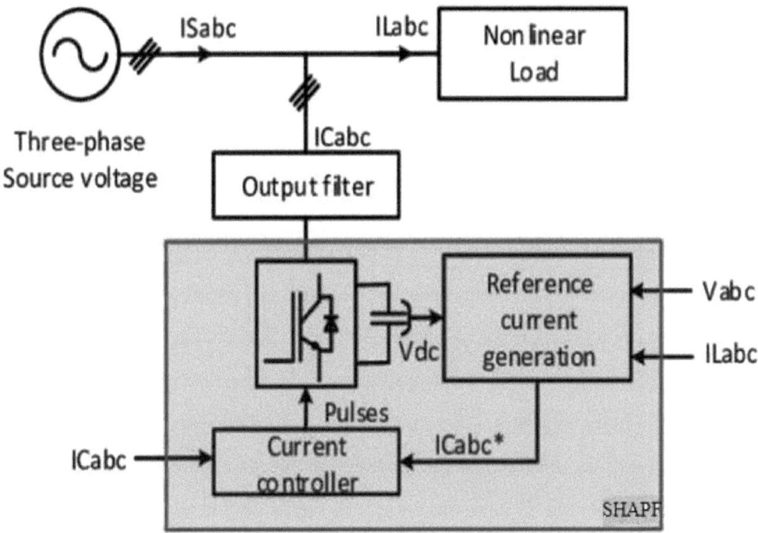

Figura 1.5 A estrutura de um SHAPF

problemas de QP, afectando o desempenho do equipamento ligado e podendo causar perturbações na distribuição de energia (El-Habrouk et al. 2000).

1.5.1 Componentes do SHAPF

a. Conversor de Fonte de Tensão (VSC): No centro do SHAPF está o VSC, um componente-chave responsável pela geração de correntes de compensação. O VSC é normalmente implementado utilizando dispositivos de eletrónica de potência, como os IGBT. Funciona em conjunto com a fonte de alimentação e a carga não linear, assegurando que as Correntes Harmónicas (HC) extraídas pela carga não linear são efetivamente neutralizadas.

b. Condensador de corrente contínua: O condensador de corrente contínua desempenha um papel crucial na manutenção de um nível estável de tensão contínua no sistema SHAPF. Este condensador funciona como um elemento de armazenamento de energia, fornecendo a energia necessária para que o VSC gere correntes de compensação durante os períodos transitórios. O dimensionamento correto e a regulação da tensão do condensador CC são essenciais para o desempenho eficaz da SHAPF.

c. Controlador: O controlador actua como o cérebro do SHAPF, orquestrando a geração de correntes de compensação com base em medições em tempo real da forma de onda da corrente da carga não linear. São utilizados algoritmos de controlo sofisticados, como os controladores de histerese ou Proporcional-Integral (PI). Estes algoritmos asseguram que o SHAPF responde rapidamente e com precisão às alterações da corrente de carga, mantendo o nível de compensação desejado. O controlador recebe feedback dos sensores de corrente para avaliar continuamente o conteúdo harmónico e o ângulo de fase da corrente de carga.

d. Filtros: Os filtros são integrados no SHAPF para deter os componentes de alta frequência e os harmónicos das correntes de compensação. Estes filtros impedem que os componentes harmónicos indesejáveis se propaguem para a alimentação , assegurando a estabilidade global da rede de distribuição de energia. A conceção e a afinação destes filtros são fundamentais para conseguir uma atenuação eficaz das harmónicas.

e. Controlador de corrente (CC): O controlador de corrente é um componente essencial da SHAPF, responsável pela regulação das correntes de compensação geradas pelo VSC. O seu principal objetivo é assegurar que a SHAPF injecta correntes de compensação com a mesma amplitude, mas em fase oposta, às correntes de compensação absorvidas pela carga não linear. Esta oposição de fase anula os harmónicos indesejados, resultando numa corrente líquida próxima da sinusoidal.

O controlador de corrente funciona comparando continuamente a RC (corrente de compensação desejada) com a corrente de carga real, extraindo o sinal de erro. Este sinal de erro é então processado pelo controlador para determinar os sinais de controlo adequados para o VSC. O controlo por histerese é uma técnica comum utilizada em controladores de corrente para SHAPFs, uma vez que oferece uma forma simples e robusta de alcançar o seguimento da corrente desejada (El-Habrouk et al. 2000).

f. Geração da corrente de referência (RC): A geração de uma corrente de referência exacta é crucial para a eficácia do SHAPF. A RC representa a corrente de compensação ideal necessária para eliminar as distorções harmónicas introduzidas pela carga não linear. São utilizados vários métodos para a geração da corrente de referência:

Teoria P-Q:

A teoria P-Q, ou teoria da potência reactiva instantânea, é uma abordagem amplamente utilizada para a geração RC. Calcula a potência reactiva instantânea com base na corrente e na tensão de carga, permitindo que a SHAPF gere correntes de compensação em tempo real (Bhattacharya et al. 2009).

Quadro de referência síncrono (dq0):

A transformação dq0 é outra abordagem que envolve a transformação da corrente de carga trifásica num quadro de referência rotativo de dois eixos. Esta transformação simplifica o algoritmo de controlo e melhora a resposta do SHAPF a alterações nas condições de carga (Bhattacharya et al. 2009).

Assim, um SHAPF com uma alimentação trifásica e NLL é uma solução sofisticada para atenuar os problemas de PQ. Ao empregar componentes avançados, um controlador de corrente preciso e uma geração de corrente de referência exacta, o SHAPF neutraliza ativamente os efeitos adversos das NLL, assegurando a estabilidade e a fiabilidade da rede de distribuição de energia.

1.5.2 Princípio de funcionamento do SHAPF

O princípio de funcionamento de um SHAPF com tensão trifásica e uma NLL consiste em atenuar os efeitos adversos das distorções harmónicas introduzidas pelas NLL no sistema de distribuição de energia. Nesta configuração, o SHAPF está estrategicamente ligado em paralelo (shunt) com a NLL, injectando ativamente correntes de compensação para contrariar as componentes harmónicas indesejadas. O SHAPF emprega um VSC como seu componente central, fazendo a interface com a fonte de alimentação e a NLL. O VSC monitoriza continuamente a corrente de carga e gera correntes de compensação em tempo real, assegurando que os harmónicos extraídos pela NLL são neutralizados. O princípio fundamental consiste em injetar correntes de compensação com a mesma amplitude mas com fase oposta às correntes harmónicas, o que resulta no cancelamento destas distorções. A operação é orquestrada por um controlador sofisticado, que recebe feedback dos sensores de corrente, compara a corrente de carga real com a RC e gera sinais de controlo para o VSC. Esta interação dinâmica permite que o SHAPF se adapte rapidamente às mudanças nas condições de carga, proporcionando uma atenuação eficaz das harmónicas e mantendo a integridade do sistema de distribuição de energia.

1.6 CONTROLADORES DE CORRENTE DE HISTERESE (HCC) NUM SHAPF

Um controlador de corrente de histerese (HCC) num SHAPF é uma estratégia de controlo dinâmica e eficaz utilizada para regular as correntes de compensação e atenuar os harmónicos de corrente. Aqui está uma explicação de como o HCC funciona no contexto de um SHAPF. O controlo por histerese funciona com base na manutenção da corrente de carga dentro de uma largura de banda predefinida, conhecida como banda de histerese. O controlador monitoriza continuamente a corrente de carga real e compara-a com a corrente de referência. Se a corrente de carga se desviar para fora da banda de histerese, o controlador desencadeia acções corretivas para a colocar novamente dentro do intervalo desejado. O HCC contribui ativamente para atenuar os harmónicos de corrente introduzidos pelas NLLs. Ajusta dinamicamente as correntes de compensação com base nas condições de carga instantâneas, cancelando ativamente os componentes harmónicos. Isto resulta numa corrente de carga que se assemelha muito a uma forma de onda sinusoidal, reduzindo a THD e melhorando a qualidade da energia (Chang et al. 2004; Kale et al. 2005).

Vantagens da CHC

Simplicidade: O controlo por histerese é conhecido pela sua simplicidade de implementação e afinação.

Adaptabilidade: É adaptável às mudanças nas condições de carga e é robusto no tratamento de variações transitórias.

Estabilidade: O ciclo de feedback inerente ao controlo por histerese contribui para a estabilidade do sistema.

O HCC num sistema SHAPF é uma ferramenta versátil e eficaz para a atenuação das harmónicas de corrente. A sua capacidade de resposta em tempo real, simplicidade e adaptabilidade fazem dele um recurso valioso para melhorar a qualidade da energia e garantir a integração perfeita das capacidades de filtragem de potência ativa em derivação nas redes eléctricas.

1.7 ANTECEDENTES E MOTIVAÇÃO DA INVESTIGAÇÃO

No panorama dinâmico dos sistemas de distribuição de energia, a proliferação de NLLs, como SMPS, rectificadores controlados/não controlados e variadores de velocidade, apresenta um desafio crítico - harmónicos de tensão e corrente. Este desafio é quantificado pela THD, uma métrica fundamental para medir a distorção do sinal. A integração de sistemas fotovoltaicos em redes de rede amplia este desafio, rotulando a THD como um perigo formidável que exige atenção imediata. As repercussões dos harmónicos vão para além da engenharia eléctrica, afectando a longevidade e o desempenho de equipamentos electrónicos sensíveis, particularmente em aplicações médicas. As NLL injectam harmónicas de corrente e tensão na distribuição de energia, perturbando a estabilidade do sistema e amplificando os problemas através da impedância e capacitância da linha, levando a oscilações inesperadas. No âmbito desta intrincada interação, o papel dos filtros de potência, incluindo filtros passivos, híbridos e activos, torna-se fundamental.

Os SHAPFs surgem como agentes mitigadores chave contra harmónicos, especialmente na mitigação de CH e na correção de potência reactiva. No entanto, o seu desempenho está intrinsecamente ligado ao design do VSC, à abordagem de controlo do conversor, ao método de controlo do inversor e à tecnologia utilizada para a geração da corrente de referência. Os investigadores introduzem um Controlador de Corrente de Histerese Modificada (MHCC) com Algoritmo de Extração de Componentes Fundamentais Duplos (DFCEA) para melhorar o PQ e tratar os harmónicos numa SHAPF baseada num inversor de três níveis tipo T (3LTI), particularmente em condições de tensão não sinusoidal, demonstrando excelência na extração de correntes de referência.

1.8 DEFINIÇÃO DO PROBLEMA

A integração de sistemas fotovoltaicos nas redes eléctricas coloca um desafio crescente - o aumento da THD induzida por cargas não lineares. Esta THD, um perigo significativo, afecta negativamente a estabilidade e o desempenho da PS, pondo particularmente em perigo o equipamento médico e eletrónico sensível na mesma linha de alimentação. Para responder a estes desafios, os filtros de potência, especialmente os SHAPF, desempenham um papel fundamental na atenuação dos efeitos da THD. A eficácia dos SHAPFs depende de factores como a conceção do VSC, o método de controlo do inversor, a abordagem de controlo do conversor e a tecnologia utilizada para a geração da corrente de referência. Esta tese centra-se no desenvolvimento de um MHCC com DFCEA para melhorar a mitigação de CHs num SHAPF baseado num inversor tipo T (TI) de três níveis, especialmente em condições de tensão não sinusoidal. O DFCEA isola os componentes fundamentais de tensão e corrente para sincronização de fase e geração de RC. O objetivo é melhorar a qualidade da energia assegurando uma mitigação eficaz dos harmónicos de corrente, mesmo em cenários de tensão subóptima.

1.9 OBJECTIVOS DA TESE

Os principais objectivos deste estudo são os seguintes

- Desenvolver um inversor de três níveis do tipo T (3LTI) - baseado em PV-SHAPF e melhorar a sua capacidade de mitigar os Harmónicos de Corrente (CHs) através do desenvolvimento de um Controlador de Corrente de Histerese Modificada (MHCC) que incorpora o Algoritmo de Extração de Componentes Fundamentais Duplos (DFCEA).

- Para ilustrar a técnica de controlo Fuzzy Logic Control-MHCC em conjunto com PV-SHAPF para remover o conteúdo harmónico da corrente da fonte (SC).

- Avaliar a eficácia do DFCEA em conjunto com o MHCC na PV-SHAPF proposta.

- Para avaliar a eficácia do PV-SHAPF com Controlo Vetorial Espacial de Corrente Contínua (DC SVC), PV-SHAPF sob o controlo do Quadro de Referência Síncrono (SRF) , e o PV-SHAPF sugerido utilizando DFCEA e MHCC.

1. ORGANIZAÇÃO DA TESE

As secções da tese estão organizadas da seguinte forma.

O Capítulo 1 também destaca a essência da THD e as origens e efeitos dos harmónicos na qualidade da energia. Também fornece uma discussão aprofundada sobre o SHAPF, as suas partes, o controlador de corrente, a geração de corrente de referência, o objetivo do estudo e a estrutura da tese.

O Capítulo 2 explora as investigações anteriores relacionadas com este trabalho de investigação.

O Capítulo 3 enumera a modelação e a simulação de um sistema de produção de energia fotovoltaica, juntamente com a descrição do conversor bidirecional DC-DC Buck-Boost (BBC) e do sistema de armazenamento de baterias (BSS).

O Capítulo 4 apresenta PV-SHAPF's baseados em 3LTI com um Controlador de Corrente de Histerese Modificado (MHCC) que incorpora o DFCEA.

O Capítulo 5 detalha a simulação e a avaliação experimental da topologia PV-SHAPF sugerida com MHCC.

O capítulo 6 ilustra os resultados globais dos algoritmos propostos em comparação com o método existente.

O capítulo 7 conclui este trabalho de investigação com as suas conclusões e descreve as potenciais melhorias futuras.

1.11 RESUMO

A tese explora os desafios das cargas não lineares na PS eléctrica, particularmente o seu impacto nas redes de transmissão e a integração de sistemas fotovoltaicos. O capítulo destaca a importância da THD como uma métrica crítica, especialmente com a crescente integração de sistemas fotovoltaicos em redes convencionais. O capítulo aborda o significado da THD, as fontes e os impactos dos harmónicos na qualidade da energia e fornece uma visão geral abrangente das técnicas de atenuação de harmónicos. O capítulo também fornece
O capítulo também fornece uma cobertura aprofundada do SHAPF, dos seus componentes, do controlador de corrente e da geração de corrente de referência. Destaca também o papel dos HCC no SHAPF, realçando a sua estratégia de controlo dinâmica e eficaz para atenuar os harmónicos de corrente. No geral, o capítulo fornece informações valiosas sobre o campo em evolução da eletrónica de potência avançada para a integração de energias renováveis. Este capítulo esclarece o objetivo da investigação, a motivação que lhe está subjacente e a organização da tese. O capítulo seguinte faz uma revisão exaustiva da literatura sobre os vários controladores de corrente de histerese para a atenuação de CHs em SHAPF.

CAPÍTULO 2

REVISÃO DA LITERATURA

2.1 INTRODUÇÃO

A crescente prevalência de cargas causadoras de harmónicas nos sistemas de energia exacerbou os problemas de QP, com as harmónicas a surgirem como uma preocupação fundamental. Para resolver este problema, as organizações internacionais de normalização estabeleceram limites para as distorções induzidas por estes problemas de PQ. A atenuação destes problemas é imperativa, e os APFs ou condicionadores activos de PQ surgiram como soluções práticas. No domínio dos APFs, a eficácia do seu funcionamento depende significativamente da estratégia de controlo escolhida. A estratégia de controlo não só influencia o desempenho global do APF, como também determina a sua eficiência, estabilidade e fiabilidade. Este capítulo de revisão da literatura tem como objetivo examinar exaustivamente as tecnologias de controlo mais avançadas utilizadas nos filtros activos, realçando as suas principais caraterísticas. A revisão analisa várias estratégias de controlo, analisando-as com base em caraterísticas distintivas, métricas de desempenho, aplicabilidade e aspectos de implementação. Ao oferecer uma análise aprofundada destas estratégias de controlo, este documento pretende contribuir com informações valiosas sobre o panorama das tecnologias de controlo de filtros activos.

2.2 INQUÉRITO SOBRE A TOPOLOGIA SHAPF

Smaida et al. (2023) explicam o SHAPF, que é uma tecnologia sofisticada utilizada para resolver as dificuldades de compensação de harmónicos e de potência reactiva nos sistemas de energia. Ajudam a equilibrar diversas correntes e são conhecidos pela sua fiabilidade nestas aplicações. Os SHAPF detectam correntes de perturbação que perturbam o sistema de energia, tais como as causadas por harmónicos, factores de potência inadequados ou consumo desequilibrado. Uma vez descobertas, criam correntes de mitigação corretiva para remover ou equilibrar as perturbações. A sua análise incide sobre os métodos actuais de controlo de SHAPF, como as técnicas de histerese e parabólicas, bem como sobre estratégias de controlo avançadas, como a otimização por enxame de partículas - otimização por lobo cinzento, máquina de vetor de apoio ao controlo direto de potência com base na modulação vetorial espacial (DPC-SVM) e métodos baseados em IA.

Jyothi Kumar et al. (2022) recomendam que o controlador do filtro seja construído com base na teoria p-q da potência instantânea, que também utiliza a capacidade do circuito como inversor com controlo de histerese PWM. O Matlab-Simulink foi utilizado para criar um modelo para testar a eficácia dos filtros shunt-active. Os resultados da simulação mostram que a qualidade de energia da rede eléctrica melhorou. A teoria PQ é aplicada aos dados de simulação apresentados neste estudo para determinar a carga, a fonte e as correntes harmónicas. A alteração da forma de onda da corrente da fonte para se aproximar mais de uma onda sinusoidal é uma abordagem eficaz para compensar os harmónicos na corrente de carga.

Mansor et al. (2020) apresentam uma avaliação do desempenho de um UPQC suportado por PV e BESS para mitigar problemas de PQ na rede. Juntamente com a melhoria da PQ, o sistema FV integrado no UPQC fornece energia ativa à carga. Quando a energia produzida pelo sistema fotovoltaico é insuficiente, o BESS entra em ação para fornecer a energia ativa necessária para atenuar os problemas de PQ. O UPQC integrado, o sistema fotovoltaico e o banco de baterias apresentam uma elevada fiabilidade, assegurando um funcionamento estabilizado. A incorporação de um banco de baterias no DC-link (DCL) do UPQC simplifica o algoritmo de regulação de tensão DCL e contribui para a geração de energia limpa. A tecnologia do gerador de vetor unitário, quando combinada com um filtro de auto-ajuste, garante a sincronização da rede e permite o funcionamento do sistema na presença de condições de tensão distorcida e desequilibrada da rede . Para demonstrar a eficácia do método de controlo proposto, é feita uma comparação com os métodos tradicionais.

A ideia de um APF que utiliza uma única fonte de energia para alimentar um inversor multicamada em cascata foi proposta por Rao et al. (2020). Em comparação com as topologias convencionais, esta nova conceção reduz a necessidade de vários transformadores, libertando espaço e produzindo um sistema de controlo e produzindo um sistema de controlo fácil de utilizar e a um preço razoável. Concebido como um SHAPF, o inversor multicamada em cascata melhora os cenários de baixo fator de potência e corrige eficazmente as correntes de carga contaminadas. A teoria de controlo eficiente do SRF é utilizada para determinar a corrente de compensação. Os modelos computacionais abrangentes e os resultados experimentais provaram inequivocamente que o SHAPF baseado no inversor multinível em cascata teve um melhor desempenho.

Devassy & Singh (2019) descrevem uma nova técnica de controlo baseada num controlador ressonante proporcional e num filtro de sequência de segunda ordem para gerir o funcionamento de um SHAPF ligado à energia fotovoltaica. A componente ativa da corrente de carga distorcida é calculada utilizando um filtro de sequência de segunda ordem e amostrando o sistema no instante de cruzamento zero. Esta componente ativa, extraída pela técnica apresentada, gera o sinal de referência para o SHAPF. A vantagem do método reside na utilização de um número reduzido de equações matemáticas para extrair parâmetros de controlo da tensão e da corrente do sistema. Adicionalmente, o sistema de painéis fotovoltaicos integrado no seu DCL fornece as potências real e reactiva necessárias à carga. Esta integração proporciona os benefícios da produção distribuída de energia e da melhoria da QP. O desempenho do sistema é avaliado experimentalmente sob várias perturbações, incluindo desequilíbrio de carga, variações na queda de tensão de irradiação solar e aumento de tensão, validando a sua eficácia.

A fim de reduzir os harmónicos de corrente, Arulmurugan & Chandramouli (2018) apresentaram um conjunto de inversores de ponte H monofásicos de nove níveis interligados monofásicos em ponte H que são acionados por um SHAPF fotovoltaico baseado em MPPT. Para extrair a referência da corrente da fonte de entrada, eles usam um esquema SRF simples. A compensação do FP e da potência reactiva do sistema de distribuição de energia monofásico é melhorada pelo impulso gerado pela técnica de controlo. A estimativa da amplitude de pico aumenta a capacidade de compensação do SHAPF, e a secção de cálculo é construída com direcções de contorno de referência estacionárias. O rastreio preciso do pico de carga e a correção dinâmica superior são fornecidos por cálculos SHAPF monofásicos. Uma fração da corrente de quadratura é obtida através da utilização da teoria de referência síncrona com mudança de Park Inverso. As ferramentas do MATLAB/Simulink são utilizadas para verificar e avaliar a forma como os cálculos de controlo estão a ser efectuados. Quando se trata de resolver problemas de PQ causados pela corrente, um filtro ativo de derivação de potência faz maravilhas. No entanto, existe um inconveniente na arquitetura do APF com componentes de elevada potência. Para atenuar este problema, é criada uma topologia híbrida que reduz a potência nominal do inversor, combinando um filtro passivo e um APF de baixa potência. Para sistemas de alta potência, a topologia SHAPF utiliza transformadores com muitos componentes passivos.

Uma arquitetura única de VSI com quatro comutadores e duas pernas que reduz o custo e o tamanho do sistema é descrita por Tarin & Mehilf (2018). Através da remoção de uma série de componentes de comutação de potência, o terceiro pino da fonte de tensão trifásica é desligado, ligando assim diretamente a fase ao terminal negativo do condensador do circuito intermédio. Ao contrário da estrutura APF convencional, a disposição recomendada oferece uma compensação total da potência reactiva, juntamente com uma melhor capacidade de correção das harmónicas. Para confirmar os resultados relativos à THD, à corrente de alimentação equilibrada e à compensação de harmónicas, de acordo com a norma IEEE 519-1992, está atualmente a ser testado em laboratório um novo protótipo experimental.

Wu et al. (2016) introduzem um SHAPF trifásico e a três fios de controlo por soma digital para corrigir os harmónicos de corrente. Normalmente, ao introduzir corrente de compensação no sistema, o SHAPF molda a corrente da fonte. Para minimizar o tamanho do núcleo de ferro, o controlo por soma digital aplicado define diretamente a lei de controlo, tendo em conta as variações de indutância do filtro. A corrente fundamental no lado da fonte é calculada utilizando o método de cálculo da potência média. Os indutores correspondentes a várias correntes de bobina são avaliados no arranque e guardados no microcontrolador para programar a duração da amplificação do circuito durante o processo de conceção e implementação. Os resultados das medições de SHAPF trifásico de 5 kVA validam a análise e a conversação. O aumento do número de subsistemas electrónicos de potência em aeronaves mais eléctricas traz sérios problemas relacionados com a qualidade da energia fornecida à potência da aeronave. Os APFs oferecem uma solução viável para este problema. Dada a elevada frequência de potência das aeronaves mais eléctricas, a utilização de uma estrutura de conversor normalizada e de um controlo digital convencional constitui um desafio.

A fim de gerir a quantidade de potência fornecida à aeronave, Biagini et al. (2013) apresentaram um SHAPF de cinco níveis com um CC deadbeat melhorado. A resistência do regulador deadbeat é mais elevada do que a do regulador de corrente convencional. Foi criado um algoritmo PWM melhorado, que está a ser fornecido para aumentar o desempenho do sistema. Através de experiências, a abordagem de gestão existente foi verificada. Além disso, é apresentado um circuito de Controlador de Corrente (CC) que utiliza a frequência de comutação mais baixa do dispositivo para contrariar os harmónicos de alta frequência.

Trinh & Lee (2013) introduziram um método de manipulação avançado para aumentar a eficácia do SHAPF. O seu esquema de controlo simplifica o processo, utilizando apenas sensores de corrente no lado da alimentação, eliminando a necessidade de um detetor de harmónicas. O objetivo de obter uma corrente de alimentação sinusoidal é alcançado através de uma técnica eficaz de compensação de harmónicas, empregando controladores PI tradicionais e PI vectoriais. A ausência de um detetor de harmónicas simplifica o processo de controlo, aumentando a eficácia do APF. Em particular, a eficácia do procedimento de monitorização deixa de ter impacto no desempenho do rastreio de harmónicas. Além disso, ao utilizar um Além disso, ao utilizar um inversor trifásico de quatro comutadores e menos sensores de corrente, o APF sugerido oferece custos de implementação mais baixos. Quando comparado com os sistemas de controlo tradicionais, a eficácia global do APF aumenta consideravelmente, mesmo com o seu hardware mais simples. Os investigadores efectuaram uma análise teórica do esquema de controlo recomendado e foi construído e testado com êxito em laboratório um

FAP de 1,5 kVA, confirmando a fiabilidade e a eficácia do método de controlo apresentado.

Um algoritmo de controlo para um HPF trifásico, constituído por uma série de filtros activos e um filtro de derivação passivo, é apresentado por Salmeron & Litran (2010). Estes autores sugerem um método de controlo baseado numa formulação dupla. Os harmónicos de tensão causados pelas NLLs devem ser compensados pelo APF em série. Ao garantir que o filtro de carga emparelhado apresenta caraterísticas de resistência, a abordagem de controlo sugerida para o FPA melhora o desempenho de compensação do filtro passivo independentemente da impedância do sistema e reduz o problema da ressonância série/paralela. Para uma análise experimental adicional, foi construído um modelo protótipo.

Liang Zhishan et al. (2010) apresentam uma técnica de Controlo Baseado na Passividade (PBC) para o SHAPF trifásico de quatro fios para retificar a forma de onda da corrente de saída de um APF trifásico de quatro fios em derivação. Os autores constroem um modelo hamiltoniano do FPA e modulam o filtro ativo trifásico de quatro pernas utilizando uma modulação vetorial espacial única. A nova abordagem utiliza coordenadas de ato, simplificando o processo de escolha dos ciclos de funcionamento e dos vectores de comutação e reduzindo consideravelmente a complexidade do algoritmo de modulação.

Uma configuração com dois inversores de filtro ativo ligados para controlar conjuntamente a corrente de compensação foi demonstrada por Xiao et al. (2009). Graças a esta disposição, as dimensões dos componentes passivos e as ondulações de corrente foram drasticamente reduzidas e é produzido um APF com sete níveis de tensão. Foi criada uma abordagem para a seleção de estados utilizando um algoritmo de 23 compensação de corrente para reduzir a corrente de excitação do reator.

Utilizando um simulador digital, é criado um modelo em tempo real e são efectuados testes de simulação para avaliar o desempenho global do filtro ativo.

O fator de potência, o desequilíbrio de corrente e o CH podem ser equilibrados utilizando um SHAPF trifásico de quatro fios. Um inversor de quatro pernas e dois níveis alimenta o estágio de potência do APF. O controlador digital aplica a teoria p-q de Pinto et al. (2009) a sistemas trifásicos a quatro fios, enquanto a técnica de comutação se baseia numa abordagem de amostragem periódica melhorada.

Vodyakho et al. (2008) introduziram um esquema de controlo distinto para um VSI de três níveis com pinça de ponto neutro. Este inversor funciona como um filtro ativo de eletricidade. O método sugerido gera uma referência de corrente de compensação que produz diretamente a condutância óhmica necessária para o componente fundamental. É utilizada uma transformada rápida de Fourier para lidar com a compensação reactiva e a eliminação de harmónicas. O controlo direto corrente-espaço-vetor opera em coordenadas de rotação síncrona e é implementado numa FPGA. Este esquema de controlo reduz significativamente a frequência de comutação e as perdas. A simulação e as experiências confirmam o desempenho dinâmico e a viabilidade desta abordagem. Um APF, tal como descrito, é um conversor eletrónico concebido para melhorar a PQ através da atenuação dos harmónicos resultantes de cargas não lineares.

Um inversor em cascata de cinco níveis, trifásico e a três fios foi desenvolvido por Massoud et al (2007) e utilizado como APF em ligações paralelas de média tensão. O inversor de cinco níveis foi desenvolvido estendendo a topologia do inversor de dois níveis. Esta configuração garante a equalização da tensão sobre o condensador do APF de cinco níveis. Foi desenvolvido um método CC preditivo baseado na corrente de alimentação para regular o SHAPF. A modulação por vetor espacial híbrido e com deslocamento de fase é utilizada na geração de impulsos para o inversor multinível (MLI). A eficácia do filtro ativo de derivação de potência de cinco níveis sugerido foi confirmada utilizando duas técnicas de modulação e simulação. O APF é uma forma viável de reduzir os problemas de harmónicas provocados pelos díodos de entrada em aplicações de alta potência, como os variadores de velocidade. Dois ou mais interruptores de potência paralelos são utilizados para gerir uma grande variedade de correntes, a fim de proporcionar uma compensação suficiente para as correntes harmónicas.

2.3 ESTUDO SOBRE A ESTRATÉGIA DE CONTROLO DO SHAPF

Vineeth et al. (2023) investigaram o desempenho de um SHAF alimentado por PV com PI, otimização proporcional integral Jaya (otimização PI-JAYA), e a técnica de otimização JAYA modificada PI. Esta técnica de otimização JAYA melhorada melhora o desempenho de mitigação de harmónicas do filtro proposto, optimizando os ganhos do controlador integral proporcional, o que conduz a um sinal de referência preciso em conjunto com técnicas de controlador de corrente indireta. Finalmente, é feita uma comparação entre PI, JAYA atual com PI e JAYA melhorado com PI.

Girgis et al. (2001) introduzem uma abordagem de Transformada Recursiva de Tempo Discreto (RDTT) para extrair componentes fundamentais da corrente sem depender de filtros. Em comparação com as técnicas de filtragem convencionais, este método produz um sinal de referência com o mesmo desempenho de estado estável, ao mesmo tempo que apresenta reacções rápidas mais rápidas e maior eficiência computacional.

Um método baseado na análise de Fourier é apresentado por Williams & Hoft (2000) para remover harmónicas de uma variedade de padrões de corrente harmónica. A Transformada Rápida de Fourier (FFT), uma versão rápida da Transformada Discreta de Fourier (DFT), é utilizada neste método.

Para uma correção rápida das harmónicas, é também utilizada a Transformada de Fourier de Curto Tempo (STFT). Esta abordagem pode ser facilmente posta em prática e não necessita de transdutores de tensão e de corrente. No entanto, a STFT tem alguns inconvenientes. Para a estimativa de RC, a frequência fundamental tem de ser ciclada pelo menos uma vez, e as amostras de corrente com ruído podem fazer com que a estimativa seja imprecisa.

Panigrahi & Subudhi (2017) apresentam um esquema de controlo H∞ baseado em Filtro de Kalman (KF) para um sistema SHAPF trifásico, com o objetivo de mitigar o CH. O loop H_∞ CC é empregado para obter alta rejeição de perturbações e garantir estabilidade. Um esquema RC baseado em filtro de Kalman é apresentado, eliminando a necessidade de um circuito de sincronização. Este esquema regula eficazmente a tensão DCL do SHAPF. É apresentada uma comparação entre o algoritmo de controlo KF H∞, os algoritmos PI e PI mais vetor PI para validar o desempenho do algoritmo de controlo H∞. A implementação do algoritmo de controlo H∞ utiliza o processador dSPACE1104. Os resultados da experiência mostram o bom desempenho do algoritmo de controlo H∞, produzindo potência de alta qualidade ao reduzir CH e aumentar pf.

Dian et al. (2016) apresentam um SHAPF trifásico a três fios utilizando um conversor H-bridge de três níveis para aliviar os Harmónicos de Corrente (CH). O desempenho do SHAPF é determinado pela malha de controlo de tensão DCL. A componente de sequência fundamental da entrada é obtida a partir das tensões e correntes de carga trifásicas medidas. É desenvolvida uma estratégia de controlo da tensão DCL, baseada nas correntes de sequência negativa, para regular a tensão DCL do VSI. O controlador de tensão DCL consiste em duas partes: a primeira parte mantém a tensão média DCL no seu valor de referência, enquanto a segunda parte assegura uma tensão CC equilibrada através do DCL. Um algoritmo de deteção de harmónicas implementado num eixo dual-dq elimina os efeitos adversos das componentes fundamentais de sequência negativa. A grande eficácia da abordagem de controlo é demonstrada através da apresentação de estudos experimentais. Em geral, o erro em estado estacionário de um esquema de controlo tem impacto no desempenho do SHAPF. Para resolver este problema, é utilizado um esquema de controlo repetitivo para seguir qualquer sinal periódico com erro nulo em estado estacionário. O SHAPF com o esquema de controlo repetitivo oferece uma compensação precisa e promissora para os harmónicos de corrente. No entanto, é de notar que o esquema de controlo repetitivo clássico pode não fornecer uma compensação exacta sob frequência variável, levando a uma degradação significativa no desempenho do APF.

Tilli & Conficoni (2016) apresentam uma unidade plug-in concebida para gerir o controlo da saturação de tensão e do limite máximo de corrente em SHAPF. Esta unidade estende a região de operação dos filtros activos shunt, especialmente em condições de sobrecarga e grandes transientes. A incorporação da unidade plug-in aumenta a capacidade de composição, a robustez e a disponibilidade dos filtros activos shunt. Para tratar a saturação da entrada de controlo, é utilizada uma unidade anti-windup, que modifica as referências de corrente. O controlo da saturação da tensão introduzido, associado ao esquema anti-windup, limita eficazmente a corrente. O esquema de controlo anti-windup é desenvolvido para funcionar em qualquer tipo de condição sem restrições. A eficácia de um CC baseado num modelo interno é confirmada tanto por simulação como por investigação empírica.

Guzman et al. (2016) detalham uma abordagem robusta de controle baseado em modelos para um SHAPF trifásico com o objetivo de mitigar os harmônicos de corrente. O método de controlo é implementado usando um modelo de conversor linear, e as variáveis do espaço de estados do sistema são estimadas através da utilização do filtro de Kalman. Os controladores de modo deslizante oferecem várias vantagens, incluindo o aumento da robustez do sistema, uma vez que as especificações de controlo são cumpridas independentemente de quaisquer variações. Além disso, obtém-se uma menor THD da corrente, a componente fundamental da tensão da fonte pode ser estimada e o número de sensores necessários para medir V e I é reduzido. A propriedade de desacoplamento dos três controladores assegura uma ação CC perfeita. Através da apresentação dos dados experimentais, a eficácia da abordagem de controlo é confirmada.

Comparably *et al.* (2016) criam um filtro Notch (NF) que reduz a componente essencial do sinal. O NF é aplicado ao sinal, e o sinal resultante é utilizado para criar o sinal de compensação. A frequência do sinal precisa de se manter consistente para obter os melhores resultados. Por conseguinte, um filtro de entalhe que funcione em ambientes de frequência variável deve ser capaz de acompanhar as variações de frequência modificando o NF em conformidade. Os resultados apresentados destacam a aplicação de um filtro notch adaptativo para reduzir a corrente harmónica.

Para resolver as limitações do esquema de controlo repetitivo clássico, Zou et al. (2015) introduzem uma estratégia de controlo repetitivo de ordem fraccionada amostrada em intervalos fixos. Essa estratégia incorpora um filtro de atraso fracionário baseado em interpolação de Lagrange para estimar componentes de atraso fracionário. A estratégia de controlo repetitivo de ordem fraccionada permite uma rápida sintonização online de derivadas fixas e actualizações de coeficientes. Garante uma compensação precisa para eliminar as distorções harmónicas, mesmo na presença de variações de frequência da rede. A investigação apresenta resultados experimentais que avaliam a eficácia da estratégia de controlo repetitivo de ordem fraccionada.

Ribeiro et al. (2015) descrevem uma estratégia de controlo robusta para melhorar a capacidade de compensação. Propõem um esquema de controlo híbrido, que incorpora o controlo de modo deslizante e um controlador PT padrão, para resolver os inconvenientes identificados. O controlador de modo deslizante determina os ganhos integral e proporcional do controlador PI, formando um controlador designado por duplo modo deslizante-PI. O controlador proporcional-integral de modo deslizante duplo garante um erro nulo em estado estacionário, melhorando o desempenho em condições de carga transitórias. Os resultados experimentais do SHAPF demonstram o desempenho superior do esquema de controlo.

De Araujo Ribeiro et al. (2012) apresentam uma estratégia de controlo adaptativo robusto para SHAPFs, com foco na correção de pf, equilíbrio de cargas não lineares e compensação de harmónicas. Em particular, esta estratégia não se baseia num esquema de deteção de harmónicas de carga. O verdadeiro equilíbrio de potência do sistema é aproveitado para gerar referências de corrente, enquanto o circuito de bloqueio de fase extrai o ângulo de fase do vetor de tensão. A estratégia CC é implementada utilizando uma estratégia de controlo adaptativo de colocação de pólos integrada num esquema de controlo de estrutura variável. O controlo do modelo interno é utilizado para obter um erro de erro de seguimento em estado estacionário. Os resultados dos modelos simulados e do protótipo demonstram a eficácia do controlador. Em geral, embora as técnicas PWM sejam normalmente utilizadas para gerar impulsos de disparo para os inversores, a fim de atenuar os harmónicos de tensão e corrente, as técnicas PWM clássicas não podem prever os valores de pico da corrente do inversor e não identificam os intervalos de fixação para reduzir as perdas de comutação no conversor de potência.

Rahmani et al. (2010) apresentam uma técnica de controlo não linear para um SHAPF trifásico concebido para compensar a tensão desequilibrada, a potência reactiva e os harmónicos de tensão da carga. Os parâmetros são derivados usando o método de linearização. O desacoplamento da dinâmica da tensão do condensador CC e da dinâmica CC é conseguido, permitindo o controlo independente das tensões do barramento CC e do SHAPF. A resposta dinâmica da técnica de compensação baseada num controlador PI é notavelmente mais baixa do que a de outros controladores. Para resolver os inconvenientes dos controladores convencionais, é introduzido um método de compensação do atraso do controlo computacional, que elimina o atraso e melhora a precisão da geração de RC. O RC é extraído utilizando a corrente de carga não linear detectada pelo sensor de corrente, em que uma carga RL ligada a um retificador de díodos funciona como NLL. O esquema de deteção de harmónicas implementado com o SHAPF extrai a magnitude do conteúdo harmónico. Salienta-se que os SHAPFs implementados sem um esquema de deteção de harmónicas são susceptíveis a variações súbitas na carga.

Asiminoaei et al. (2008) descrevem uma técnica de modulação de largura de pulso descontínua para detetar a posição do vetor de corrente da tensão de referência. Esta técnica determina intervalos de fixação optimizados para cada fase, aumentando efetivamente as perdas de comutação do inversor e reduzindo o esforço de corrente. A implementação da técnica de modulação descontínua da largura de impulsos resulta num padrão de tensão fixa, contribuindo para a redução das perdas de comutação do inversor e do stress da corrente. O artigo fornece uma explicação detalhada da estratégia de modulação, e um APF com um VSI trifásico de 3 kVA, 400 V, é utilizado para ilustração.

Com base na teoria da estabilidade de Lyapunov, Komurcugil & Kukrer (2006) apresentam uma abordagem de controlo única para SHAPFs monofásicos. Para os estados do filtro ativo, a abordagem começa por construir uma função de Lyapunov do tipo energia. Em seguida, é determinada uma regra de controlo para garantir que a derivada temporal da função de Lyapunov é consistentemente negativa para todos os valores de estado. O método mostra estabilidade global, embora à custa da função de referência variável no tempo da tensão do condensador CC. Esta técnica requer que a componente de ondulação harmónica da tensão do condensador CC seja estimada ou medida.

Para satisfazer este requisito, sugere-se uma técnica de controlo alterada que não tenha em conta a componente de ondulação. Deduzindo a corrente de carga medida da referência de corrente de alimentação gerada, obtém-se a referência de corrente (RC) do filtro ativo. Ao controlar a tensão do condensador CC, um controlador PI pode alterar a amplitude da referência da corrente de alimentação. A fiabilidade da estratégia de controlo sugerida é demonstrada pelos resultados experimentais. A classificação das várias técnicas de controlo é apresentada na Figura 2.1.

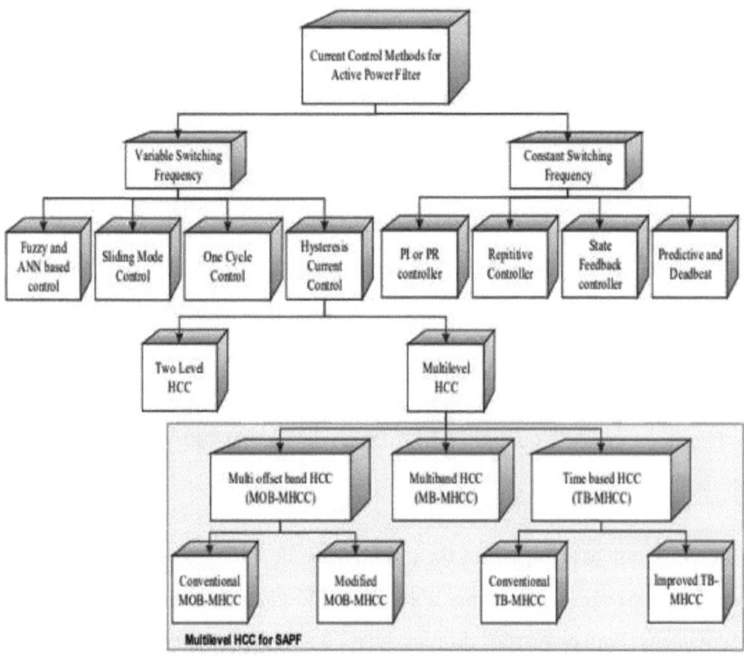

Figura 2.1 Diagrama de árvore para classificar as abordagens CC do SHAPF

A comparação de todos os métodos CC utilizados para o SHAPF baseado em MLI em termos da sua frequência de comutação, complexidade, velocidade de resposta e tempo de atraso em cada método é apresentada no Quadro 2.1 (Anitha Bhukya & Chiranjib Koley 2017; Biagini et al. 2013).

Tabela 2.1 Comparação de vários métodos de controlo de corrente (CC) utilizados para SHAPF com base em MLI

Current Control Technique	Switching Frequency	Complexity	Speed of Response	Delay Time
PI Controller	Constant	Medium	Fast	No
Repetitive Control	Constant	Simple	Medium	Medium
Predictive Control	Constant	Medium	Medium	Long
Deadbeat Control	Constant	Complex	Medium	Medium
Hysteresis Current Control	Variable	Simple	Fast	No
Delta Modulation Control	Variable	Simple	Fast	No
One Cycle Control	Constant	Simple	Fast	No
Sliding Mode Control	Variable	Simple	Medium	No
Artificial Neural Network	Constant	Medium	Fast	Small
Fuzzy Logic	Constant	Medium	Fast	Small

Akagi (1997) apresenta um SHAPF instalado num alimentador de uma rede de distribuição de energia eléctrica. A sua principal função é atenuar a propagação de harmónicas resultantes da ligação de cargas não lineares ao sistema de energia. A ressonância entre numerosos condensadores e a impedância da fonte introduz componentes de alta frequência. O equipamento de atenuação de harmónicas, incluindo APFs série e shunt, foi desenvolvido no final dos anos noventa. O SHAPF, baseado na deteção da tensão no ponto de acoplamento comum, é excelente para manter a estabilidade do sistema. Para verificar a sua eficácia, é utilizado um simulador de circuitos analógicos. O artigo também enfatiza a identificação do local ideal para a colocação do SHAPF. Finalmente, são apresentadas investigações experimentais para demonstrar o excelente desempenho do SHAPF.

2.4 ESTUDO BASEADO NO INVERSOR MULTINÍVEL (MLI) E NA COMPUTAÇÃO SUAVE

Muralidaran et al. (2023) apresentam um inversor multinível modulado por histerese combinado com um controlador de modo deslizante para dispositivos e materiais ópticos. O inversor multinível modulado por histerese reduz a THD, enquanto o controlador SM reduz a não linearidade do fluxo de potência. Os dispositivos ópticos baseados no controlador de modo deslizante do inversor multinível modulado sugerido podem melhorar a eficiência e a velocidade de transmissão da rede fotovoltaica. A experiência é realizada através da criação de um modelo Simulink no software MATLAB e, em seguida, da verificação dos resultados num sistema de rede fotovoltaica para a tensão e a corrente. Os resultados mostram que o inversor multinível sugerido, combinado com um controlador de modo deslizante, gere e regula com êxito a transmissão de energia dos sistemas de rede fotovoltaica.

Soumya et al. (2021) introduzem um filtro de potência ativo híbrido em cascata (HSAPF) baseado num inversor multinível modular em cascata (MCMI) com integração PV para melhorar a PQ em sistemas trifásicos de utilidade pública. O principal objetivo é transmitir a potência ativa do sistema fotovoltaico e, ao mesmo tempo, reduzir os harmónicos de corrente através da injeção de corrente de compensação no ponto de intersecção (POI). Os principais contributos deste estudo incluem uma técnica baseada na otimização, designada por otimização predador-presa baseada no fire-fly (PPFO), para reduzir a THD e o desenvolvimento do Adaptive Perturb and Observe-Fuzzy (APOF) para seguir a potência máxima. A eficiência do PPFO é comparada com outras abordagens, como a otimização por enxame de partículas (PSO) e a otimização por vaga-lume (FO). A abordagem sugerida é efectuada utilizando a ferramenta MATLAB/Simulink em várias circunstâncias de fornecimento.

Para melhorar o PQ do sistema global, Sumit Bhattacharya et al. (2017) desenvolveram um SHAPF baseado num inversor multinível (MLI) neste estudo. Eles fazem isso usando um único MLI-APF como ambos os conversores de interface. Uma vez que os MLIs podem funcionar com tensões mais baixas do que os conversores tradicionais de dois níveis, a sua utilização diminui a pressão sobre os componentes electrónicos de potência. Os MLIs produzem tensões de saída com baixas contagens de componentes harmónicos e bom PQ graças aos seus pequenos incrementos de tensão . Uma vez que muitos sistemas renováveis requerem dois ou mais conversores para realizar estas funções, o método sugerido é considerado simples e económico, ao mesmo tempo que atinge os mesmos objectivos. O MLI-APF utiliza o método de deteção de picos da estratégia de controlo para melhorar a PQ.

Anitha Bhukya et al. (2017) discutem como o PQ tem sido afetado pela utilização generalizada de dispositivos de comutação de alta potência nos últimos anos. Os SHAPF são frequentemente utilizados para reduzir a THD, aumentar o fator de potência e preservar a qualidade da energia para cargas delicadas. O APF produz uma corrente de compensação de referência em oposição de fase aos harmónicos do sistema quando está ligado à carga, produzindo uma corrente de alimentação sinusoidal em fase. Devido à complexidade da forma de onda RC de compensação, é necessário criar o inversor necessário através de comutação de alta frequência. Para ajustar a potência reactiva e os harmónicos, este trabalho investiga inversores de ponte H em cascata (CHB) de três e cinco níveis para um SHAPFS em PS.

Mohamed Halawa et al. (2016) abordam os harmónicos, um dos principais problemas de PQ. Para reduzir CH e ajustar a potência reactiva, os SHAPFs são frequentemente utilizados em redes de distribuição de energia.

Para sintetizar corretamente a corrente de compensação de referência para o controlador SHAPF, esta investigação utiliza a teoria da potência reactiva instantânea e um HCC. Embora o HCC seja muito apreciado para aplicações de APF, a sua frequência de comutação não é uniforme. Os autores propõem um HCC fuzzy único para ultrapassar este problema. Este controlador é fácil de utilizar, não depende das definições de carga e actua mais rapidamente porque requer menos cálculos. O MATLAB/SIMULINK é utilizado para modelar e simular o sistema, mostrando como o controlador de histerese fuzzy sugerido funciona bem para melhorar o desempenho do SHAPF e do PWM.

A genética natural e a teoria da evolução deram origem aos Algoritmos Genéticos (AG), que são métodos eficazes para localizar soluções óptimas mínimas globais. A otimização de um FLC com um AG para redução de harmónicas e consequente melhoria da THD em APFs é abordada por Moinuddin K Syed & Sanker Ram (2016).

Uma nova técnica de controlo baseada na teoria p-q para uma SHAPF trifásica

(2015) para ajustar a potência reactiva, pf e harmónicos numa NLL trifásica com uma ponte rectificadora não controlada. O SHAPF calcula RCs através da deteção das tensões da fonte, tensões do barramento CC e correntes de carga. A compensação da corrente de neutro para um sistema trifásico a quatro fios está incluída no modelo sugerido. Quando simulado utilizando o MATLAB/SIMULINK, o SHAPF revela-se uma solução útil para a compensação CH,Q e a correção PF em várias circunstâncias de carga.

Panda et al. (2015) propõem um APF buck trifásico de quatro fios baseado num FLC de histerese adaptativa. O objetivo deste controlador é reduzir os harmónicos, eliminar o "shoot-through" no conversor e, em última análise, reduzir a THD para menos de 5%. Um FLC baseado em STF é proposto por Zelloumaa et al. (2015) para o controlo de harmónicos de um APF de cinco níveis. A fim de reduzir o desvio da tensão do ponto neutro de um APF trifásico baseado num inversor de ponto neutro (NPC), Yap Hoon (2017) apresenta um FLC baseado num algoritmo de atribuição de tempo de permanência.

Rajani et al. (2014) apresentam um SHAPF ou Active Power Line Conditioner (APLC) concebido para melhorar a PQ, particularmente em termos de CH e compensação de potência reactiva. Com a utilização generalizada de cargas não lineares que causam problemas de harmónicas, este trabalho apresenta um SHAPF controlado por SRF em cascata baseado em MLI. O filtro, combinado com um controlador PI, actua como um LPF para suprimir harmónicos e melhorar o PQ no sistema de distribuição. Os resultados demonstram a fiabilidade do sistema proposto na redução da THD e na compensação da potência reactiva.

Bhattacharya & Chakraborty (2011) fornecem controladores adaptativos para CC, com base numa Rede Neural Artificial (RNA) com uma estrutura de três camadas para o processo de CC. O algoritmo de Levenberg-Marquardt modifica os pesos adaptativos da rede para reduzir os erros. Tecnicamente, é discutido que, quando comparado com os controladores preditivos e de histerese, o CC baseado na RNA produz melhores resultados em termos de percentagem de THD. Para melhorar o desempenho do SHAPF em cenários transitórios, o controlo ANN é utilizado para regular a tensão DCL e os dados PI são utilizados para treinar a ANN.

O Bacteria Foraging Algorithm (BFA), uma técnica única proposta por Mishra et al. (2007), estima ganhos óptimos para o controlador PI utilizado no controlo do APF. As Wavelets são utilizadas em aplicações de monitorização e condicionamento de PQ, empregando uma combinação linear de de sinais tempo-frequência para construir um controlador de wavelets. Utilizando a comutação adequada do inversor, este método é alargado aos APFs para gerar RC e eliminar os problemas de harmónicas do lado da rede eléctrica.

Barros & Diego (2006) utilizam a análise multi-resolução para a extração de componentes de frequência fundamental. A análise multi-resolução baseada na transformada para a eliminação de harmónicas e o melhoramento da qualidade de imagem em APFs é discutida por Firouzjah et al. (2008), que abordam questões como a dependência da frequência de amostragem e a complexidade computacional.

Um controlador difuso (CF) constituído por componentes de fuzzificação, mecanismo de interface e defuzzificação é apresentado por Karimi et al. (2003). O sinal de erro de tensão que é gerado nesta configuração é utilizado como entrada do CF. O mecanismo de interface processa os conjuntos fuzzy aplicando acções de controlo fuzzy, a unidade de defuzzificação transforma a saída fuzzy do mecanismo de interface nos sinais de controlo necessários e a unidade de fuzzificação mapeia o sinal de erro de entrada em conjuntos fuzzy. Num estudo relacionado, Jain et al. (2002) investigaram o desempenho de SAPFs utilizando um controlador fuzzy TS. Este controlador apresenta melhores tempos de resposta, requer menos tempo de computação e envolve menos conjuntos e regras fuzzy em comparação com os controladores Mamdani e PI.

2.5 IMPLICAÇÕES DA FORMA ACTUAL

Nos dias de hoje, a interligação de dispositivos de comutação da eletrónica de potência e a carga não linear com a fonte de alimentação introduzem conteúdos harmónicos tanto na tensão como na corrente de alimentação. Os APFs shunt e série estão a desempenhar uma função superior na eliminação das distorções de corrente e tensão do que os filtros LC passivos (Ramakrishnan et al. 2018). Os harmónicos de tensão estão a criar um efeito menor para o equipamento elétrico do que para os CHs. Assim, no trabalho proposto, a eliminação dos harmónicos de corrente é principalmente focada como questão de PQ. O inversor de fonte de tensão controlada desempenha a função de SHAPF. O SHAPF concebido com o condensador DCL é vulnerável devido à capacidade limitada de armazenamento do condensador DCL e capaz de mitigar as distorções de corrente a curto prazo (Gowrishankar & Ramasamy 2020; Mira et al. 2017). Os SHAPF tradicionais retiram energia da tensão de alimentação para compensar o CH, sobrecarregando potencialmente a rede eléctrica. Simultaneamente, a tensão de ligação CC não regulada afecta negativamente o desempenho e as capacidades de mitigação dos SHAPFs. Em resposta a estes inconvenientes, a literatura propõe a integração de um sistema de produção de energia renovável com SHAPFs. No entanto, uma pesquisa bibliográfica revela que a combinação de PV com SHAPFs pode resultar em harmónicos de corrente, comprometendo a PQ. Para resolver este problema, um estudo de investigação sugere a implementação de um MHCC para melhorar a PQ através do controlo eficaz dos harmónicos de corrente.

2.6 RESUMO

Este capítulo começa com uma revisão da literatura centrada na SHAPF. A discussão começa com a análise de pesquisas sobre diversas topologias de SHAPF. Posteriormente, são exploradas várias estratégias de CC. Em seguida, o capítulo aborda a utilização de MLI e de técnicas de computação suave para melhorar a PQ. Além disso, o capítulo apresenta um estudo realizado sobre as SHAPF convencionais, especificamente as desenvolvidas com inversores multinível e inversores de fonte de tensão (VSI) tradicionais de três pernas. Por fim, o capítulo conclui com a apresentação de ideias derivadas das topologias SHAPF existentes. O capítulo seguinte descreve a metodologia proposta e a implementação do algoritmo de controlo.

CAPÍTULO 3

MODELAÇÃO E SIMULAÇÃO DE UM SISTEMA DE PRODUÇÃO DE ENERGIA FOTOVOLTAICA

3.1 INTRODUÇÃO

Um fator importante na determinação da estrutura económica de uma nação é a eletricidade. Várias causas contribuíram para o agravamento da crise eléctrica global: A população mundial está a aumentar, as indústrias estão a crescer e os filtros activos de energia, as fontes de alimentação ininterrupta e vários dispositivos de energia personalizados estão a tornar-se cada vez mais populares. Para satisfazer a procura de energia, são utilizadas várias fontes de energia, convencionais e não convencionais, para gerar energia eléctrica. As fontes de energia renováveis tornaram-se mais conhecidas recentemente como substitutas dos métodos convencionais de produção de eletricidade.

Os sistemas de energia renovável, particularmente os que convertem diretamente a energia solar em eletricidade, oferecem vantagens distintas em relação a outras formas de produção de energia. A integração de sistemas de produção de energia fotovoltaica (PV) em dispositivos de energia personalizados tem registado um aumento significativo. Nomeadamente, os filtros de potência activos em série e em derivação integrados em PV apresentam capacidades de compensação superiores aos dispositivos de compensação que dependem de bancos de condensadores. Esta evolução na produção de energia é promissora para enfrentar os desafios colocados pela crescente procura global de eletricidade. Os modelos de células FV mais populares são descritos em pormenor neste capítulo. A simulação do conjunto fotovoltaico, que consiste em painéis acoplados em série-paralelo, é apresentada de seguida.

3.2 SISTEMA DE PRODUÇÃO DE ENERGIA FOTOVOLTAICA - MODELAÇÃO

Um painel fotovoltaico composto por várias células fotovoltaicas converte a luz solar em energia eléctrica. O conjunto coletivo de células FV forma o painel FV, onde a reflexão da luz solar cria um campo elétrico através dos terminais do painel, resultando num fluxo de corrente eléctrica. A energia gerada pelos painéis fotovoltaicos é influenciada pela iluminação solar e pela temperatura ambiente das células.

No SHAPF proposto, um módulo fotovoltaico integrado com um inversor de 3 níveis do tipo T SHAPF baseado num inversor de 3 níveis. Um sistema de produção de energia fotovoltaica necessita de um conversor de impulso DC-DC para atingir o fator de impulso necessário para a tensão da ligação DC. O desempenho dos dispositivos de melhoria da qualidade da energia depende significativamente da capacidade de regulação e do fator de reforço dos conversores de reforço CC-CC.

A Figura 3.1 ilustra o modelo monodiodo (SD) de uma célula FV. Parâmetros práticos como a tensão de circuito aberto (V_{oc}), o ponto de potência máxima (P_{mpp}) e a corrente de curto-circuito (I_{sc}) do painel FV são utilizados na modelação matemática para uma representação exacta.

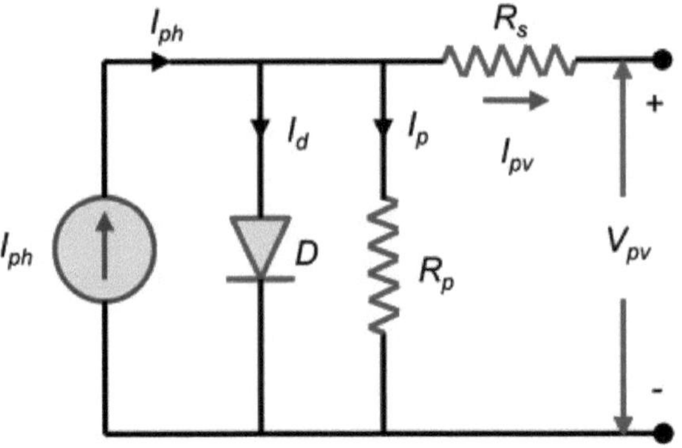

Figura 3.1 Modelo SD de uma célula fotovoltaica

A representação convencional do modelo SD para uma célula fotovoltaica envolve a incorporação de uma fonte de corrente (I_{ph}), um díodo paralelo (D), uma resistência em série (R_s) e uma resistência em paralelo (R_p), como se mostra na Figura 3.1. Para captar as caraterísticas ideais do painel prático, são também tidos em conta os coeficientes de temperatura β e α. Existem vários princípios de conceção na literatura para modelar painéis fotovoltaicos, mas no sistema proposto, baseamo-nos em princípios físicos para construir o modelo do painel fotovoltaico.

Neste modelo, I_{ph} representa a fotocorrente da célula FV, e o fator de idealidade do díodo (D_i) é ajustado para refletir as caraterísticas práticas do painel. A obtenção dos parâmetros da célula FV é facilitada pela consulta da folha de dados do fabricante. A folha de dados fornece a informação completa necessária para modelar o painel FV no ambiente MATLAB Simulink. Normalmente, as células FV são caracterizadas usando as caraterísticas I-V de painéis práticos, como ilustrado na Figura 3.2. Esta abordagem garante uma representação exacta do comportamento da célula FV.

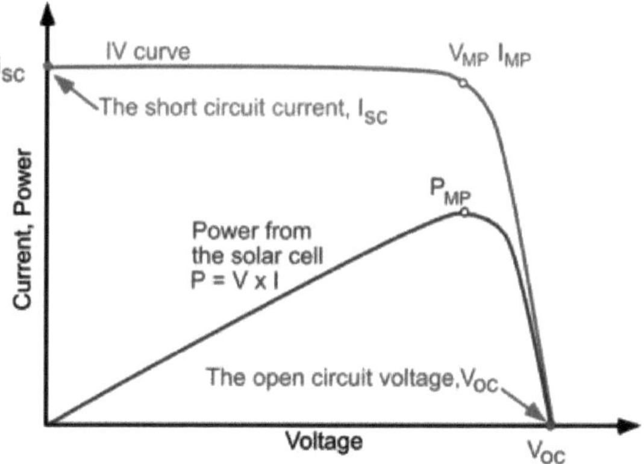

Figura 3.2 Caraterísticas P-V e I-V de uma célula fotovoltaica

A tensão da célula fotovoltaica multiplicada pela sua corrente é igual à potência que produz. A quantidade de corrente (I_{pv}) numa célula fotovoltaica é determinada pela intensidade da luz que incide na sua superfície, e a tensão terminal (V_{pv}) diminui quando a temperatura da junção da célula aumenta.

De acordo com Elkholy & Abou El-Ela (2019), as equações de tensão e corrente das células FV são representadas como funções inerentes que incorporam variáveis independentes e dependentes. A equação (3.1) representa a corrente de saída da célula FV num modelo de cinco parâmetros:

$$I_{pv} = I_{ph} - I_d - I_p \quad (3.1)$$

em que R_p é a resistência paralela da célula FV, I_p é a corrente que passa através da resistência paralela, I_D é a corrente que passa através do díodo Shockley D e I_{ph} é a corrente gerada pela célula FV sob a irradiação solar especificada. A temperatura da junção em °C é T_c.

As equações (3.2) e (3.3), respetivamente, fornecem a tensão através da resistência paralela R_p e da resistência em série R_s.

$$VRp = Ip * Rp \quad (3.2)$$

$$V_{Rs} = I(pv) * R_S \quad (3.3)$$

Como ilustrado abaixo, também é possível expressar a tensão da resistência paralela V_{Rp} em termos da tensão de saída FV

$$VRp\ Vpv == IpvRs$$

(3.4)

O I_p pode ser expresso da seguinte forma, substituindo o V_{Rp} na Equação (3.3).

$$I_p = (Vpv + IpvRs) / R_p \quad (3.5)$$

A seguir, o resultado da substituição das Equações (3.4) e (3.5) na Equação (3.1) para obter o I_{pv}.

$$I_{pv} = I_{ph} - I_o \left[exp^{\frac{q(V_{pv}+R_S I_{pv})}{D_i k T_c}} - 1\right] - \left[(Vpv + IpvRs) / R_p\right] \quad (3.6)$$

Para simular um painel fotovoltaico do mundo real no MATLAB/Simulink, o modelo de cinco parâmetros SD da célula fotovoltaica requer cinco parâmetros, tais como R_s, R_p, I_{pv}, I_{ph} e n. Normalmente, a informação encontrada na folha de dados do painel solar prático foi tida em conta ao determinar os parâmetros simulados do módulo prático.

Quando a resistência paralela R_p da célula FV é considerada infinita, então a corrente de saída da célula Ipv pode ser expressa como indicado na Equação (3.7).

$$I_{pv} = I_{ph} - I_o \left[exp^{\frac{q(V_{pv}+R_S I_{pv})}{D_i k T_c}} - 1\right] - 0 \quad (3.7)$$

A foto-corrente (I_{ph}) e I_{sc} do painel são aproximadamente semelhantes quando não há corrente a passar pelo díodo paralelo D. A expressão para a corrente que passa pelos terminais do painel FV é a seguinte

$$I_{pv} = I_{sc} - I_o [exp^{\frac{q(V_{pv}+R_S I_{pv})}{D_i k T_c}} -1] \quad (3.8)$$

Isc de um painel fotovoltaico é 0 quando o seu terminal permanece aberto. A equação 3.11 pode ser utilizada para determinar a corrente de saturação inversa do díodo paralelo D, substituindo I_{pv} por zero.

$$I_{sc} = I_o [exp^{\frac{q(V_{pv}+R_S I_{pv})}{D_i k T_c}} -1] \quad (3.9)$$

A temperatura da célula e a irradiação solar podem ser utilizadas para exprimir o I_{ph} da célula FV em circunstâncias de ensaio convencionais. A fórmula (3.10) ilustra-o.

$$I_{ph} = \frac{G}{G^*} (I_{ph}^* + \alpha (T_c - T_c^*)) \quad (3.10)$$

Neste caso, α é o coeficiente de temperatura, G é a irradiação solar em W/m^2, I_{ph}* é a foto-corrente da célula FV em condições normais de ensaio em A, T_c é a temperatura de junção da célula em °C, e T_c* é a temperatura de junção da célula em condições normais de ensaio em °C. A corrente de saturação inversa I_o da célula FV em condições normais de ensaio pode ser obtida utilizando a equação (3.11).

$$I_o = I_o^* (\frac{T_c}{T_c^*})^{(3)} \exp [\frac{q}{K_a} (\frac{E_g^*}{T_c^*} - \frac{E_g}{T_c})] \quad (3.11)$$

em que k é a constante de Boltzmann, Ka é a constante, Io* é a corrente de saturação da célula fotovoltaica em condições normais de ensaio e Eg* é o intervalo de energia do silício em condições normais. Q é a carga dos electrões no coulomb.

A temperatura a que está a funcionar e a quantidade de radiação solar na atmosfera determinam a tensão que a célula FV produz. A tensão de saída da célula FV em condições de funcionamento típicas é apresentada na Equação (3.12).

$$V_{pv}=\frac{AkT_c}{q}\ln\left(\frac{I_{ph}+I_0-I_{pv}}{I_0}\right)-I_{pv}R_s \quad (3.12)$$

A energia criada pelas células fotovoltaicas é significativamente afetada por variações na insolação solar e na temperatura da célula. O impacto de uma alteração na exposição à luz solar e na temperatura da célula é indicado pelos coeficientes de temperatura. Os coeficientes de temperatura de uma célula fotovoltaica são apresentados nas Equações (3.13) e (3.14).

$$K_v = \beta\,(T_x - T_y) + 1 \quad (3.13)$$

$$K_i = \frac{\gamma}{S_{ref}}\,((T_y - T_x) + 1 \quad (3.14)$$

A influência da variação da temperatura e da luz solar é representada pelos parâmetros de escala γ e β. A temperatura de funcionamento da célula FV é representada por β, e a exposição do painel FV à radiação solar é representada por γ. A temperatura ambiente da célula FV e a atmosfera são representadas pelas variáveis T_y e T_x. A temperatura padrão de referência da célula fotovoltaica foi estabelecida em 25 °C. As variações da luz solar sob várias configurações de funcionamento e as correspondentes alterações na fotocorrente e na tensão de saída da célula FV são apresentadas abaixo.

$$K_{sv} = \alpha\beta\,[S_x - S_y] + 1 \quad (3.15)$$

$$K_{si} = \frac{1}{S_{ref}}\,.\,(S_x - S_y) + 1 \quad (3.16)$$

em que K_{si} é o coeficiente para o impacto da variação da iluminação solar na corrente de saída da célula FV e K_{sv} é o coeficiente para o impacto da variação da iluminação solar na tensão da célula FV. S_x e S_y indicam a referência e a variação da iluminação solar. Oα $(S_x - S_y)$ dá o valor da variação da temperatura de funcionamento da célula. Este valor é apresentado na Equação (3.17).

$$\Delta T_c = \alpha \, (S_x - S_y) \tag{3.17}$$

As equações (3.18) e (3.19) fornecem as fórmulas finais para as mudanças de tensão e corrente em relação aos coeficientes de luz solar e temperatura.

$$V_{pvx} = K_v K_{sv} K_{pv} \tag{3.18}$$

$$I_{pvx} = K_i K_{si} K_{pv} \tag{3.19}$$

A potência e a tensão nominal dos painéis fotovoltaicos aumentam quando várias células fotovoltaicas são ligadas em série ou em paralelo. Os painéis fotovoltaicos são constituídos por células fotovoltaicas acopladas em paralelo e em série. A estrutura das células FV ligadas em série está representada na Figura 3.3.

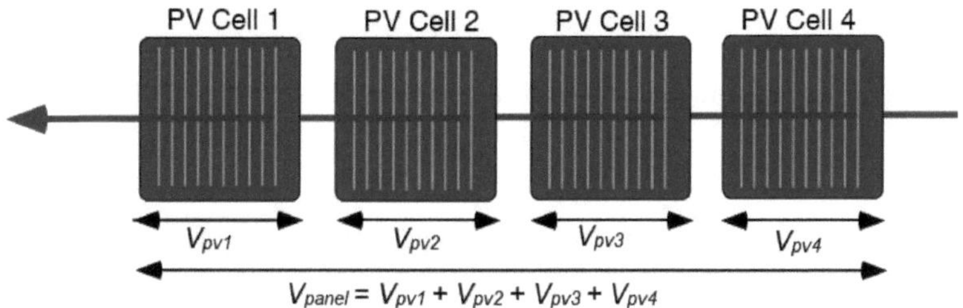

Figura 3.3 Ligação em série de quatro células fotovoltaicas

O tamanho do painel fotovoltaico é determinado pelo número de células FV ligadas em série. As equações (3.20) e (3.21) podem ser utilizadas para calcular a tensão e a corrente de saída do painel FV.

$$V_{painel} = N_s V_{pv} = V_{pv1} + V_{pv2} + V_{pv3} + V_{pv4} \quad (3.20)$$

$$I_{painel} = I_{pv1} = I_{pv2} = I_{pv3} = I_{pv4} \quad (3.21)$$

onde, N_s é o número de células FV ligadas em série, V_{painel} é a tensão de saída do painel FV e V_{pv} é a tensão de saída da célula FV.

A potência e a corrente nominal do painel FV são determinadas pela quantidade de células FV ligadas em paralelo. A estrutura dos painéis FV ligados em paralelo é mostrada na Figura 3.4.

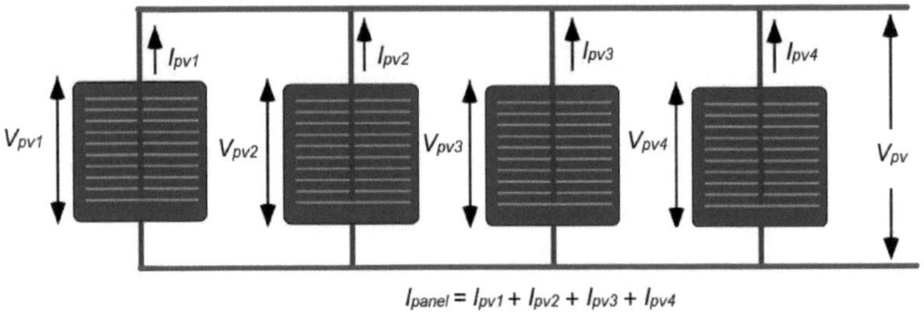

Figura 3.4 Disposição das células fotovoltaicas ligadas em paralelo

A corrente total do painel FV é obtida utilizando a Equação (3.21). Na estrutura ligada em paralelo, a tensão em cada célula FV é a mesma. É dada na Equação (3.23)

$$Ipanel = NpIpv = \text{Ipv1} = \text{Ipv2} = \text{Ipv3} = \text{Ipv4}$$

(3.22)

$$Vpanel = \text{Vpv1} = \text{Vpv2} = \text{Vpv3} = \text{Vpv4} \quad (3.23)$$

onde, I_{painel} é a corrente de saída do painel FV, N_p é o número de células FV ligadas em paralelo e I_{pv} é a corrente de saída da célula FV.

3.2.1 Simulação do painel fotovoltaico

O painel fotovoltaico é constituído por um grande número de células fotovoltaicas que transformam a luz solar em eletricidade. O sistema MATLAB/Simulink requer dados de entrada, como a temperatura e a irradiação solar, para a construção do painel fotovoltaico. As três saídas possíveis do modelo simulado são a tensão, a corrente e a potência. Para representar as caraterísticas I-V e P-V do painel FV simulado, são necessários os parâmetros de potência, corrente e tensão. Para adquirir as propriedades do painel FV em tempo real, as caraterísticas derivadas do modelo simulado são modificadas. Qualquer alteração nos parâmetros de entrada tem um efeito instantâneo na potência, tensão e corrente de saída dos painéis FV.

O estudo que está a ser apresentado considera um modelo de cinco parâmetros de células FV para fornecer energia DC ao SHAPF. No ambiente MATLAB/Simulink, o painel fotovoltaico é modelado utilizando caraterísticas como a resistência série, a fotocorrente, a resistência shunt e o fator de idealidade. Para conhecer os parâmetros do painel FV simulado, consulte a folha de dados do fabricante. O número de parâmetros desconhecidos do módulo FV aumenta quando o modelo não é ótimo. A ficha de dados do fabricante não contém informações suficientes sobre os parâmetros em várias condições climatéricas. Como resultado, são feitas algumas suposições para criar o modelo matemático da célula FV.

O desenvolvimento de um painel FV no ambiente MATLAB/Simulink é apresentado nesta secção. Os parâmetros do módulo FV simulado criado em MATLAB/Simulink são derivados da folha de dados do módulo FV monocristalino bifacial de vidro duplo. A potência CC para o conversor boost CC-CC sugerido foi fornecida pelo módulo FV de 500 W e 12 V, que foi desenvolvido como um modelo numérico do Simulink. A combinação do módulo fotovoltaico e do conversor CC-CC serve como fonte de energia de reserva para o filtro de potência ativo em derivação. A Tabela 3.1

apresenta as especificações do painel solar de 500 W da série TFL - TFL-210X30_10_36.

Tabela 3.1 Dados eléctricos do módulo TFL-210X30_10_36

Parameters	Values
Peak Power Watts – P_{MAX} (W_P)*	500 W
Maximum Power Voltage - V_{MPP}	41.18 V
Maximum Power Current - I_{MPP}	12.14 A
Power Tolerance - P_{MAX}	± 5 W
Open Circuit Voltage - V_{OC}	51.70 V
Short Circuit Current - I_{SC}	12.28 A
Module Efficiency – η_M	21.45 %

Note: Irradiance 1000 W/m^2, Cell Temperature 25°C, Air Mass AM1.5, Measuring uncertainty of power: ± 3%

As caraterísticas I-V e V-I do painel simulado são produzidas através da aplicação das fórmulas matemáticas descritas nas fórmulas (3.16) a (3.23). Modificando a resistência em série Rs, obtêm-se as caraterísticas do painel FV simulado em tempo real. A tensão e a potência de saída de um módulo FV não satisfazem os requisitos da SHAPF. Um módulo prático MATLAB foi simulado utilizando dados do módulo TFL-210X30_10_36.

A Figura 3.6 mostra o modelo Simulink do painel fotovoltaico de 500 W e 12 V que foi criado no MATLAB Simulink. Os parâmetros de projeto do modelo

Os parâmetros de projeto do modelo de cinco parâmetros de díodo único da célula FV são derivados de parâmetros como V_{oc} e I_{sc}. A Figura 3.5 apresenta o modelo simulado do módulo FV de 500 W e 12 V. O módulo fotovoltaico é composto por 36 células fotovoltaicas (9 x 4). Quatro ramos são ligados em paralelo e nove células são ligadas em série para fornecer a tensão de saída de 12 V necessária. Isto resulta numa potência de saída total de 500 W.

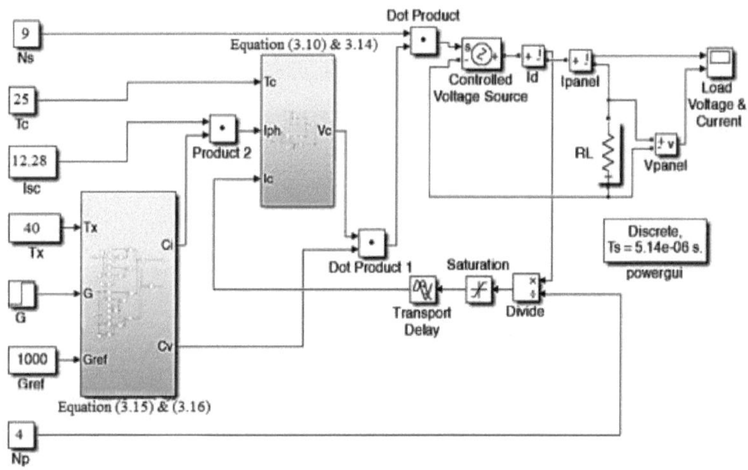

Figura 3.5 Modelo Simulink do módulo TFL-210X30_10_36

A curva caraterística de um módulo fotovoltaico de 500 W e 12 V é apresentada nas Figuras 3.6 e 3.7, respetivamente, e é traçada entre a potência-tensão

tensão

(P-V) e corrente-tensão (I-V). Multiplicando a tensão do painel FV e a corrente do painel FV, obtém-se a potência de saída do painel. Obtêm-se caraterísticas semelhantes quando se comparam as caraterísticas em tempo real indicadas na folha de dados e as saídas do módulo FV simulado.

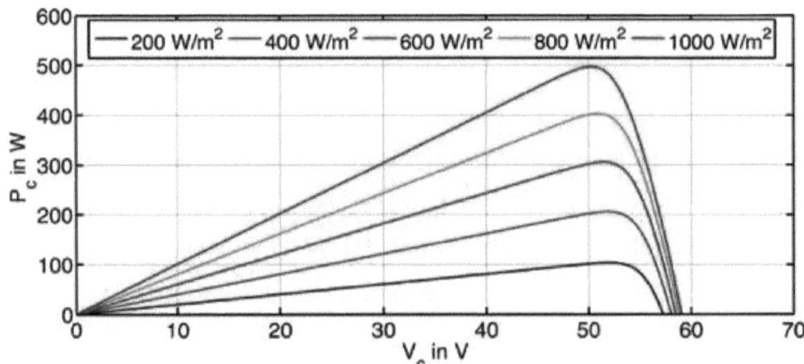

Figura 3.6 Caraterísticas P-V do painel em simulação utilizando parâmetros de ensaio típicos

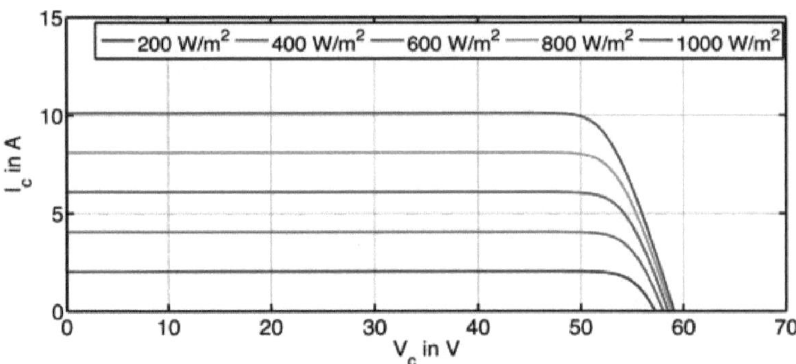

Figura 3.7 Caraterísticas I-V do painel em simulação utilizando parâmetros de ensaio típicos

3.3 MODELAÇÃO DA BATERIA

Em dias chuvosos, noturnos e sombrios, um sistema que funcione com um sistema de conversão de energia solar ou um sistema fotovoltaico desperdiça energia. Durante o dia, os harmónicos da rede de distribuição de energia são efetivamente compensados pelo SHAPF suportado por PV. Durante o dia, a potência de saída do sistema fotovoltaico é utilizada diretamente para compensar os harmónicos actuais. O SHAPF suportado por PV é ótimo quando a produção de energia do sistema PV é inferior à energia necessária para a compensação da corrente harmónica. Por isso, neste trabalho é proposta uma SHAPF com interface PV suportada por um banco de baterias para fornecer a compensação de corrente durante um dia inteiro ou por um período de 24 horas. Quando há falta de fornecimento de energia, o Sistema de Armazenamento de Baterias (BSS) fornece a energia que foi armazenada. Armazena a energia extra gerada durante o dia.

Uma pilha é um aparelho utilizado para alimentar dispositivos electrónicos e dispositivos de compensação, constituído por uma ou mais células electroquímicas ligadas externamente. O elétrodo positivo da pilha funciona como cátodo e o seu elétrodo negativo funciona como ânodo durante o período de descarga. O terminal negativo da pilha fornece electrões ao circuito.

Os reagentes de alta energia transformam-se em reagentes de baixa energia no processo redox da pilha. O circuito externo recebe a diferença entre energia e energia livre. Tanto as aplicações domésticas como as comerciais utilizam pilhas principais e secundárias. Devido a uma alteração irreversível no material do elétrodo durante o processo de descarga, as pilhas primárias, também conhecidas como pilhas descartáveis, destinam-se a ser utilizadas apenas uma vez antes de serem deitadas fora. As pilhas alcalinas que se encontram em muitos aparelhos electrónicos portáteis, como as lanternas, são um exemplo típico. As pilhas reutilizáveis são pilhas secundárias que têm a capacidade de serem carregadas e descarregadas repetidamente quando é aplicada corrente. Utilizando corrente inversa, a composição original do elétrodo pode ser recuperada. A equação (3.24) fornece a capacidade de potência de uma pilha expressa em watts-hora.

$$\text{Watt-hora} = V_b * I_b * \text{horas} \quad (3.24)$$

As baterias de iões de lítio são utilizadas principalmente em aplicações industriais e domésticas devido à sua capacidade de poupança de energia. A estrutura interna da bateria de iões de lítio é ilustrada na Figura 3.8.

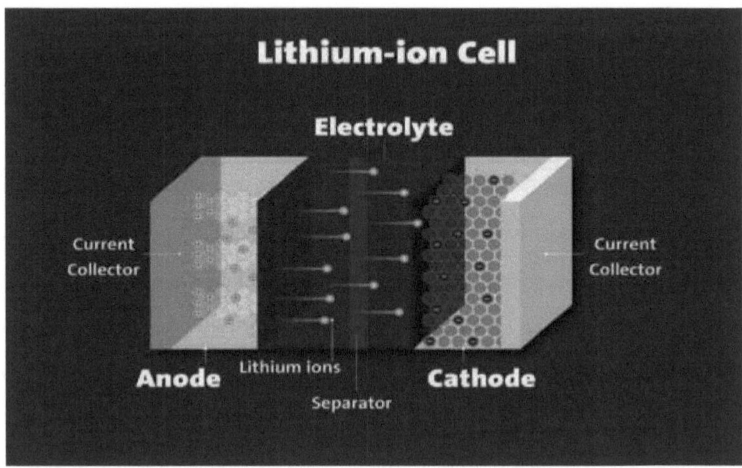

Figura 3.8 A arquitetura interna da bateria de iões de lítio

Como se mostra na Figura 3.8, uma bateria de iões de lítio é constituída por três partes principais: um eletrólito, um elétrodo negativo e um elétrodo positivo. Normalmente, o óxido metálico é utilizado para o elétrodo positivo e o carbono para o elétrodo negativo. Como solvente, é utilizado o sal de lítio.

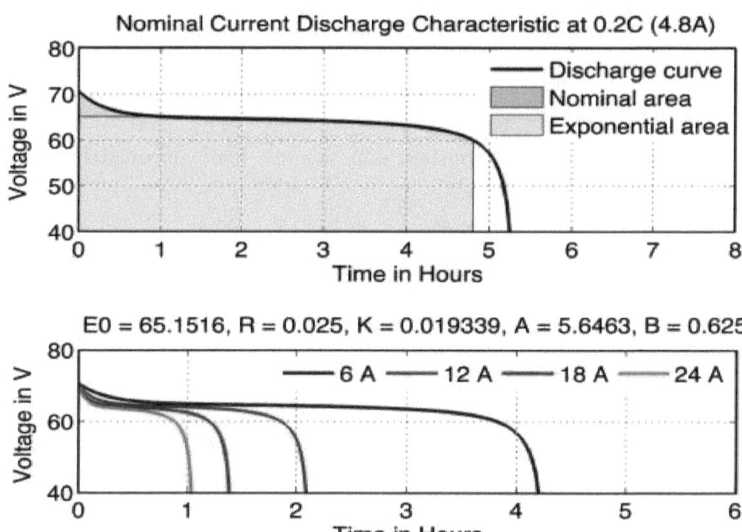

Figura 3.9 Caraterísticas da bateria de iões de lítio de 60 V, 24 AH da Maxvolt Energy durante a descarga

Dependendo da direção da corrente, a função eletroquímica do elétrodo entre o ânodo e o cátodo é invertida. A densidade energética, a tensão, a proteção e a duração da bateria são determinadas pela substância da bateria. A Figura 3.9 mostra a bateria de iões de lítio Maxvolt Energy 60 V, 24 Ah.

A aplicação de correntes de carga de 6 A, 12 A, 18 A e 24 A permite obter as caraterísticas de descarga da bateria de iões de lítio Maxvolt Energy 60 V, 24 Ah. As caraterísticas de descarga demonstram que a conceção da bateria permite-lhe fornecer 24 A de corrente durante uma hora. Neste trabalho, dez baterias de 60 V, 24 Ah são ligadas em série para fornecer uma amperagem total de 240 Ah a 600 V.

3.4 CONVERSOR BIDIRECCIONAL BUCK-BOOST (BBC)

Uma ferramenta popular da eletrónica de potência na GS de energia fotovoltaica para controlar eficazmente o fluxo de energia eléctrica entre vários níveis de tensão é a BBC bidirecional. Este conversor é flexível para uma gama de configurações de funcionamento, uma vez que pode aumentar (boost) e diminuir (buck) a tensão.

Numa PV, é frequentemente utilizada uma BBC CC-CC bidirecional não isolada. A Figura 3.10 apresenta o diagrama de circuito do conversor CC-CC bidirecional. Dois díodos, D1 e D2, estão ligados em antiparalelo a dois interruptores,

S1 e S2, respetivamente, para formar este conversor. Dois interruptores controlados

(S1 e S2) são utilizados no funcionamento do conversor; as suas funções são complementares, o que significa que enquanto um está ligado, o outro tem de estar desligado. Existem dois modos de funcionamento para este conversor bidirecional BBC: buck e boost.

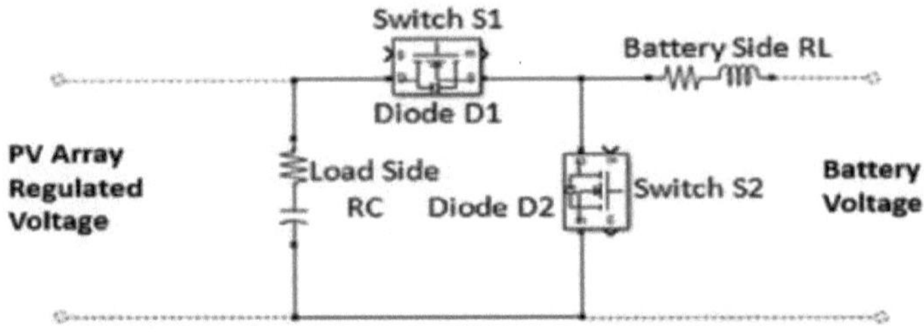

Figura 3.10 Estrutura de um conversor buck-boost CC-CC bidirecional

Modo Buck: Este é o estado em que o conversor bidirecional funciona quando o interruptor S1 e o díodo D2 estão ambos ligados e o interruptor S2 e o díodo D2 estão desligados. Neste modo, a tensão de entrada é superior à tensão de saída pretendida. O conversor reduz a tensão enquanto fornece a energia à carga ou a conserva num dispositivo de armazenamento de energia, como uma bateria. Um indutor armazena energia quando é ligado e, quando é desligado, a energia armazenada é transmitida para a saída. O ciclo de trabalho do interrutor de alimentação pode ser alterado para alterar a tensão de saída. A tensão de saída diminui com um ciclo de funcionamento mais curto.

Modo Boost: Funciona em modo boost quando o interrutor S2 e o díodo D1 estão ligados e o interrutor S1 e o díodo D2 estão desligados. Neste modo, a tensão de entrada é mais baixa do que o valor de saída pretendido. Para corresponder às necessidades da carga ou da rede, o conversor aumenta a tensão. O interrutor de alimentação é ligado e desligado de forma intermitente, tal como no modo buck. A energia é armazenada no indutor quando este está ligado e é transferida para a saída para aumentar a tensão quando este está desligado. A tensão de saída é gerida através do ajuste do ciclo de funcionamento do interrutor de alimentação. Uma tensão de saída mais elevada é produzida por um ciclo de funcionamento mais longo.

Funcionamento bidirecional: Dependendo das exigências do sistema e do ambiente de funcionamento, o BBC bidirecional pode alternar facilmente entre os modos buck e boost. O conversor alterna entre os modos buck e boost, diminuindo a tensão (funcionamento buck) e aumentando a tensão (funcionamento boost). Nos sistemas de produção de energia fotovoltaica, em que a tensão dos painéis solares pode flutuar e o conversor tem de se ajustar a várias condições para obter a melhor captação de energia e gestão de energia, esta caraterística bidirecional é especialmente útil.

3.5 RESUMO

Este capítulo apresentou a modelação da célula fotovoltaica, do módulo fotovoltaico, do conjunto fotovoltaico, do conversor buck-boost bidirecional CC-CC convencional e do sistema de armazenamento de baterias. Em primeiro lugar, é apresentada a modelação e o desenvolvimento detalhados do conjunto fotovoltaico em ambiente MATLAB Simulink. As caraterísticas I-V e P-V do painel fotovoltaico simulado foram apresentadas para validar o modelo matemático desenvolvido no MATLAB. Os resultados do painel fotovoltaico simulado provaram a proximidade dos resultados com as caraterísticas práticas. Foi apresentada uma breve revisão do conversor bidirecional DC-DC buck-boost. Finalmente, foi apresentado o princípio de funcionamento e as caraterísticas de descarga da bateria de 60 V, 24 Ah. Os inversores, o algoritmo de controlo e a abordagem de investigação sugerida para reduzir os harmónicos de corrente serão abordados em pormenor no próximo capítulo.

CAPÍTULO 4

UM CONTROLADOR DE CORRENTE DE HISTERESE MODIFICADO COM DFCEA PARA ATENUAÇÃO DE HARMÓNICAS DE CORRENTE UTILIZANDO PV-SHAPF

4.1 INTRODUÇÃO

No domínio da eletrónica de potência e das FER, a procura de soluções eficientes e fiáveis para atenuar os harmónicos de corrente e melhorar a PQ é uma busca incessante. Este capítulo da tese revela um novo passo nesta busca, introduzindo um Controlador de Corrente de Histerese Modificada (MHCC) acoplado a um Algoritmo de Extração de Componentes Fundamentais Duplos (DFCEA). O ponto focal desta investigação é o aumento da atenuação dos harmónicos de corrente numa SHAPF baseada num inversor de três níveis do tipo T (3LTI), especificamente concebida para uma integração perfeita com sistemas fotovoltaicos.

O DFCEA, um componente central desta metodologia proposta, assume um papel central no isolamento dos componentes fundamentais de tensão e corrente essenciais para a sincronização e geração de corrente de referência num ambiente de tensão não sinusoidal. num ambiente de tensão não sinusoidal. Este algoritmo inovador representa uma evolução das técnicas existentes de extração de componentes fundamentais duplos, adaptadas para satisfazer os requisitos rigorosos de uma SHAPF baseada num inversor do tipo T ligado a PV. inversor tipo T ligado a PV. O objetivo não é apenas otimizar as correntes de referência para uma atenuação eficiente dos harmónicos, mas também sobressair em cenários de condições de tensão subóptimas. Para manter o delicado equilíbrio do sistema, é empregue um algoritmo de "controlador de tensão do elo CC", que assegura a estabilidade da tensão do condensador DCL a 600 V. A eficácia do MHCC DFCEA e do controlador de tensão DCL é rigorosamente testada num ambiente de simulação utilizando MATLAB/Simulink, com enfoque numa SHAPF PV baseada em 3LTI. Este capítulo fornecerá uma compreensão mais pormenorizada dos resultados alcançados na melhoria da qualidade da energia no contexto dos sistemas de energias renováveis, explicando a arquitetura complexa da PV-SHAPF e as funções delicadas dos seus componentes e controladores.

4.2 VISÃO GERAL DO PV-SHAPF

O Photovoltaic SHAPF (PV-SHAPF) é um sistema especializado concebido para atenuar as distorções harmónicas e melhorar o PQ numa rede de distribuição. Combina os princípios da produção de energia fotovoltaica com as capacidades de um SHAPF, resultando numa solução híbrida que aborda tanto a integração de energias renováveis como a redução de harmónicas.

A necessidade de PV-SHAPF surge da crescente prevalência de NLLs, tais como as introduzidas por dispositivos electrónicos, variadores de velocidade e outros componentes electrónicos de potência, nas redes de distribuição. Estas cargas não lineares geram correntes harmónicas, conduzindo a formas de onda distorcidas na PS. As harmónicas podem causar uma série de problemas, incluindo o aumento das perdas, a diminuição do fator de potência e a interferência com outros equipamentos sensíveis. À medida que as fontes de energia renováveis, como os sistemas fotovoltaicos, se tornam mais integradas nas redes de energia, a necessidade de resolver estas distorções harmónicas torna-se ainda mais crucial.

O impacto do PV-SHAPF num sistema de energia é multifacetado:

Mitigação de harmónicas: O principal papel do PV-SHAPF é reduzir e mitigar ativamente os componentes harmónicos presentes no sistema de distribuição. Ao injetar correntes compensatórias que contrariam as distorções harmónicas geradas pelas NLLs, o PV-SHAPF ajuda a manter uma forma de onda de corrente mais limpa e sinusoidal.

Melhoria da PQ: As distorções harmónicas não só afectam a eficiência do PS como também têm impacto na qualidade geral da energia. O PV-SHAPF contribui para melhorar a PQ minimizando as distorções de tensão e melhorando a estabilidade geral do sistema.

Integração de energias renováveis: A incorporação da tecnologia fotovoltaica permite que o PV-SHAPF aproveite a energia solar e contribua para o fornecimento de energia. Esta dupla funcionalidade alinha-se com os objectivos mais amplos da integração de energias sustentáveis e renováveis na PS, promovendo uma paisagem energética mais verde e amiga do ambiente.

Fiabilidade da rede: À medida que os sistemas de energia se tornam mais complexos com diversas fontes de energia, a manutenção da fiabilidade da rede torna-se uma preocupação crítica.
O PV-SHAPF ajuda a estabilizar a rede, gerindo e controlando ativamente as distorções harmónicas, garantindo um fornecimento de energia fiável e eficiente.

Assim, o PV-SHAPF aborda os desafios contemporâneos dos harmónicos na PS através da integração das FER com capacidades avançadas de filtragem.
O seu impacto faz-se sentir através da melhoria da QP, da utilização eficiente das energias renováveis e do aumento da fiabilidade global da rede eléctrica.

4.3 A TOPOLOGIA PV-SHAPF PROPOSTA

O PV-SHAPF sugerido é uma sofisticada interação de componentes meticulosamente dispostos para aliviar as distorções harmónicas na forma de onda da corrente de uma rede de distribuição. No centro desta solução inovadora está o SHAPF baseado em 3LTI, concebido para se integrar perfeitamente numa linha eléctrica trifásica. O esquema do sistema, ilustrado na Figura 4.1, mostra os componentes interligados que trabalham em harmonia para melhorar a qualidade da energia. Um dos principais contribuintes para a NLL na fonte trifásica é um retificador trifásico acoplado a uma carga resistiva, estrategicamente posicionado no ponto de acoplamento comum. Este serve de ponto de partida para a cascata de componentes que constituem o PV-SHAPF. O conjunto inclui uma matriz PV, um conversor DC-DC boost, um conversor DC-DC bidirecional, um banco de baterias, o 3LTI, uma malha de controlo de tensão e o controlador SHAPF equipado com DFCEA.

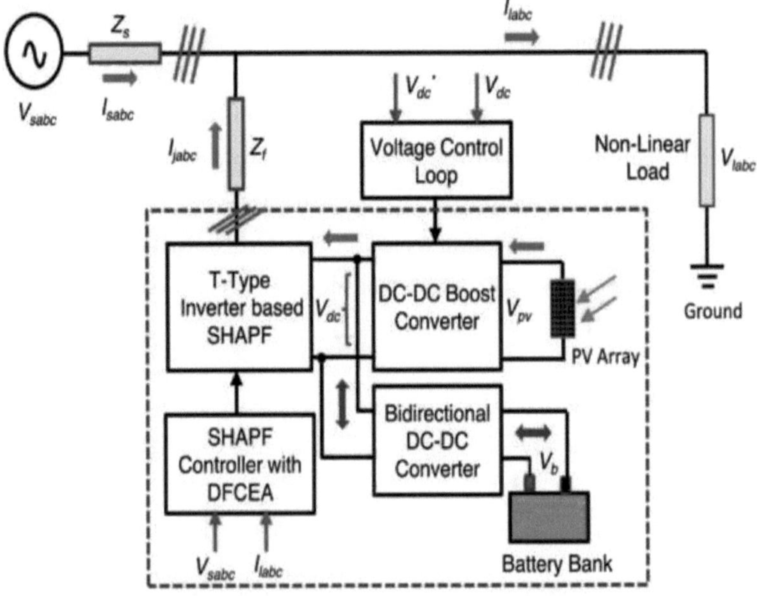

Figura 4.1 Estrutura de um PV-SHAPF

O PV-SHAPF é engenhosamente interposto entre a fonte trifásica e a carga trifásica do retificador de díodos, injectando efetivamente uma corrente de compensação no sistema de distribuição contaminado. A Figura 4.1 fornece uma representação visual dos vários parâmetros envolvidos nesta intrincada dança - V_{sabc} para a tensão de alimentação trifásica, I_{jabc} para a corrente de compensação injectada pelo PV-SHAPF, I_{sabc} para a corrente da fonte, I_{labc} para a corrente da carga, V_{labc} para a tensão da carga, V_{dc} para a tensão do elo dc e V_b para a tensão da bateria. As letras a, b e c designam os parâmetros relacionados com a fase a, a fase b e a fase c, respetivamente.

A orquestração deste sistema está nas mãos do algoritmo de controlo, uma entidade sofisticada a quem é confiada a tarefa de identificar a corrente do objeto de compensação. Utiliza uma técnica de geração de corrente de referência para produzir correntes de referência e, com base nessas referências, gera impulsos de porta. A corrente injectada pelo SHAPF reduz a componente harmónica da carga.

$$I_{sabc} = I_{labc} + I_{jabc} \tag{4.1}$$

O resultado é uma injeção de corrente meticulosamente orquestrada pelo SHAPF, reduzindo estrategicamente os componentes harmónicos na carga. Esta intrincada combinação de componentes e algoritmos define a topologia do PV-SHAPF, marcando um passo significativo na procura de uma melhor qualidade de energia no domínio dos filtros de potência ativa e dos sistemas de energias renováveis.

4.4 PRINCÍPIO DE FUNCIONAMENTO DO MODELO PROPOSTO DE PV-SHAPF BASEADO EM 3LTI

O funcionamento do PV-SHAPF baseado em 3LTI proposto é uma interação dinâmica de vários componentes, cada um servindo um objetivo específico em resposta aos requisitos operacionais do sistema. Operando em três modos distintos, este sistema demonstra versatilidade e adaptabilidade a diferentes cenários.

Um conversor DC-DC boost, um conversor DC-DC bidirecional de duas portas, um barramento DC, um SHAPF baseado em TI, um reator de derivação e uma carga não linear constituem a configuração do circuito do PV-SHAPF baseado em TI sugerido, ilustrado na Figura 4.2. O coração da operação está no TI, um conjunto sofisticado de 12 IGBTs interconectados com capacitores divididos no barramento CC. Esta configuração permite que o inversor gere uma tensão de saída trifásica de três níveis nos seus terminais. Os interruptores S_{s1}, S_{s2} e S_{s3} estão estrategicamente colocados entre a fonte trifásica e a carga do retificador trifásico ligado em paralelo, formando uma ligação crucial no sistema.

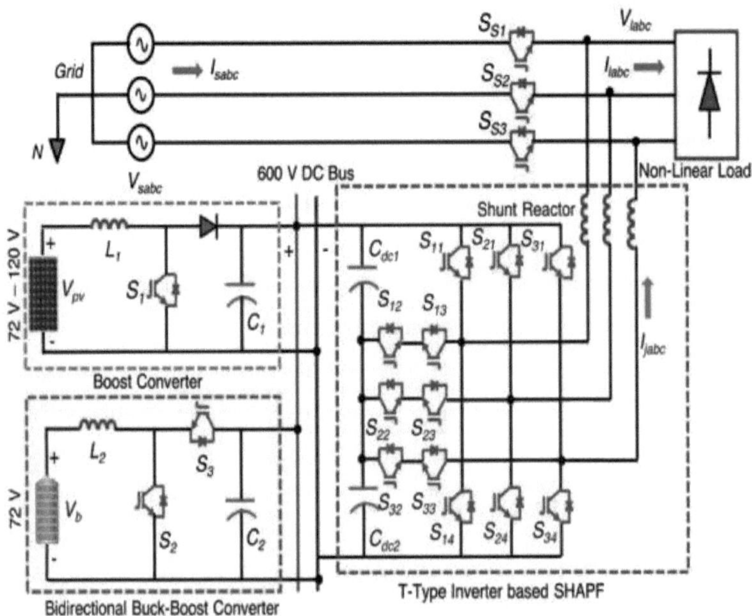

Figura 4.2 Diagrama do circuito do inversor tipo T proposto PV-SHAPF

O papel do inversor SHAPF é multifacetado, facilitado pelo comutador SHPAF. Este interrutor serve como chave para desbloquear três modos de funcionamento distintos: Modo de filtro de potência ativa, modo de alimentação ininterrupta (UPS) e modo de inversor fotovoltaico. A seleção destes modos depende dos valores de P_{pv} (potência fotovoltaica), V_{sabc} (tensão trifásica da fonte) e do nível harmónico da corrente de carga.

Modo de Filtro de Potência Ativo (APF): Neste modo, o SHAPF funciona como um APF, mitigando ativamente os harmónicos no sistema de distribuição. Os comutadores assumem estados específicos, manipulando estrategicamente o fluxo de potência para contrariar as distorções harmónicas geradas pela NLL. Nesta topologia proposta, o modo APF funciona da seguinte forma.

No modo APF, o PV-SHAPF desempenha um papel crucial na mitigação de CHs induzidos por NLL dentro da rede de distribuição de energia. Para isso, interruptores específicos - S_{s1}, S_{s2} e $S_{(s3)}$ - são estrategicamente posicionados entre a fonte de energia e a carga. No cenário 1, os interruptores S_{s1}, S_{s2} e S_{s3} estão na posição ON quando o NLL é alimentado por uma fonte trifásica; os interruptores S_1 no conversor boost e S_3 no BBC estão na posição ON quando o PV está a gerar eletricidade. No cenário 2, quando não há irradiância solar adequada, como após o pôr do sol, a energia produzida pelo PV é nula e o NLL é alimentado apenas por uma fonte trifásica. No cenário 2, os interruptores da fonte S_{s1}, S_{s2} e S_{s3} estão na posição ON; o interrutor S_1 no conversor boost e o interrutor S_2 no BBC estão na posição ON. Em ambos os cenários, o PV-SHAPF baseado em 3LTI actua como um filtro ativo e elimina os harmónicos. O novo HCC, juntamente com o Algoritmo de Extração de Componentes Fundamentais Duplos (DFCEA), é o mecanismo por detrás da operação. Este controlador é fundamental na extração dos componentes fundamentais necessários para gerar a corrente de referência, denotada como I_{sabc}*. O DFCEA é capaz de extrair esses componentes fundamentais mesmo na presença de uma tensão de fonte não sinusoidal ou poluída. O PV-SHAPF entra então em ação, injectando uma corrente de compensação que se opõe aos harmónicos da corrente da fonte. Esta injeção estratégica de corrente de compensação é concebida para aproximar a corrente da fonte o mais possível da sinusoidal. Ao fazê-lo, o PV-SHAPF minimiza ou elimina eficazmente os harmónicos indesejáveis introduzidos pelas NLLs, assegurando uma distribuição de energia mais limpa e mais estável dentro da rede.

Assim, o modo APF do PV-SHAPF utiliza comutadores, um HCC desenvolvido com o DFCEA e um mecanismo de injeção de corrente de compensação para contrariar e suprimir os harmónicos de corrente causados por cargas não lineares. Este processo meticuloso resulta numa rede de distribuição de energia onde a corrente da fonte se assemelha a uma forma de onda sinusoidal, promovendo a eficiência e reduzindo o impacto dos harmónicos no sistema global.

Modo de fonte de alimentação ininterrupta (UPS): Quando surge a necessidade de uma fonte de alimentação ininterrupta e fiável, o SHAPF transita sem problemas para o modo UPS. Os comutadores alinham-se de forma a garantir uma saída de energia contínua e estável, fornecendo uma reserva de energia crítica durante interrupções de energia imprevistas. No sistema proposto, o modo de funcionamento da UPS ocorre da seguinte forma.

No modo UPS, o PV-SHAPF funciona como um sistema de energia de reserva crucial quando a alimentação trifásica e o PV não estão disponíveis. Neste modo, os interruptores da fonte S_{s1}, S_{s2} e S_{s3} permanecem desligados e o modo UPS é ativado quando a alimentação trifásica de entrada não está disponível e P_{pv} é inferior a P_{Load}. Isto isola efetivamente a fonte trifásica da carga, evitando qualquer potencial perturbação provocada pela falha da fonte de alimentação primária.

Simultaneamente, o NLL é alimentado com energia trifásica de três níveis a partir do SHAPF configurado como um inversor trifásico de três níveis. Isto assegura um fornecimento de energia contínuo e estável à carga durante a transição para o modo UPS. Para reforçar ainda mais a alimentação de emergência, o interrutor S_2 é ativado, permitindo o fluxo de eletricidade do banco de baterias para a carga. O banco de baterias funciona com uma tensão de 72 V, e esta tensão é habilmente aumentada para 600 V através da utilização de uma BBC DC-DC bidirecional. Este aumento de tensão garante que a energia de emergência fornecida pela bateria é compatível com os requisitos da carga. Na sua essência, o modo UPS do PV-SHAPF é um mecanismo à prova de falhas que assume o controlo sem problemas no caso de uma falha de energia ou de uma queda de tensão significativa. Ao isolar a fonte primária, ativar o inversor para um fornecimento de energia estável e utilizar eficientemente o banco de baterias através da conversão de tensão, o PV-SHAPF assegura o fornecimento ininterrupto de energia a cargas críticas, protegendo contra potenciais interrupções e tempos de inatividade.

Modo Inversor FV: Aproveitando a energia da matriz fotovoltaica, a SHAPF transforma-se num modo de inversor fotovoltaico. Os comutadores orquestram uma configuração que aproveita de forma óptima a energia solar, convertendo-a em energia CA utilizável para injeção na rede. No modo de inversor fotovoltaico,
No modo inversor fotovoltaico, o PV-SHAPF gere dinamicamente a energia excedente gerada pelo painel fotovoltaico para satisfazer eficazmente a procura de carga (Kumarasabapathy et al. 2020). Este modo entra em ação quando o gerador fotovoltaico produz um excesso de energia para além das necessidades imediatas da carga. A operação começa por desligar estrategicamente a fonte trifásica da carga. Quando a fonte trifásica não está disponível, não há necessidade de mitigação de harmónicas. Neste modo, quando $P_{(pv)} > P_{Carga}$, o PV-SHAPF baseado em 3LTI actua apenas como um inversor. Os interruptores S_1 e S_3 permanecem na posição ON enquanto os interruptores da fonte estão

OFF. Esta separação garante que o modo inversor FV pode fornecer energia à carga de forma eficiente.

Para otimizar a utilização do excesso de energia, o PV-SHAPF utiliza o modo buck de um conversor CC-CC bidirecional. Este conversor actua como um elemento chave para facilitar a transferência suave da energia excedente do painel fotovoltaico para uma bateria designada. Ao ativar o modo buck, o conversor reduz efetivamente a tensão, alinhando-a com os requisitos da bateria. A energia excedente colhida pelo painel fotovoltaico é assim desviada sem problemas para a bateria, actuando como um reservatório de energia. Esta gestão estratégica da energia não só evita o desperdício do excesso de energia, como também permite o armazenamento de energia para utilização posterior ou durante períodos em que a produção do gerador fotovoltaico é insuficiente para satisfazer a procura de carga. A Tabela 4.1 resume os estados de comutação correspondentes a cada modo operacional, fornecendo um guia abrangente para o sistema se adaptar e responder dinamicamente às condições prevalecentes.

Tabela 4.1 Definições de comutação para os três modos de funcionamento distintos

Modo de funcionamento	**Condições**	**Interruptores e respectivas posições**						**Funções**
		S_1	S_2	S_3	S_{s1}	S_{s2}	S_{s3}	
Modo de filtro ativo	$P_{(pv)} \neq 0$, $V_{(sabc)} \neq 0$	1	0	1	1	1	1	Elimina os harmónicos
	$P_{pv} = 0$, $V_{(sabc)} \neq 0$	1	1	0	1	1	1	
UPS	$P_{pv} > P_{Carga}$ $V_{sabc} = 0$	1	0	1	0	0	0	Fornece uma fonte de alimentação ininterrupta
	$P_{pv} < P_{Carga}$	1	1	0	0	0	0	

	$V_{sabc} = 0$							
Inversor fotovoltaic o	$P_{pv} > P_{Carga}$	1	0	1	0	0	0	Exportar a energia produzida pelos painéis fotovoltaicos

A coordenação dos comutadores, do conversor CC-CC bidirecional e do inversor do conjunto fotovoltaico assegura uma resposta dinâmica e eficiente a condições de potência variáveis. Este modo de funcionamento exemplifica a adaptabilidade do PV-SHAPF, fornecendo uma solução inteligente para equilibrar a produção e o consumo de energia no contexto de um sistema fotovoltaico. O processo de decisão para estes modos é complexo, envolvendo uma consideração cuidadosa de parâmetros como a potência fotovoltaica, a tensão da fonte e os harmónicos da corrente de carga.

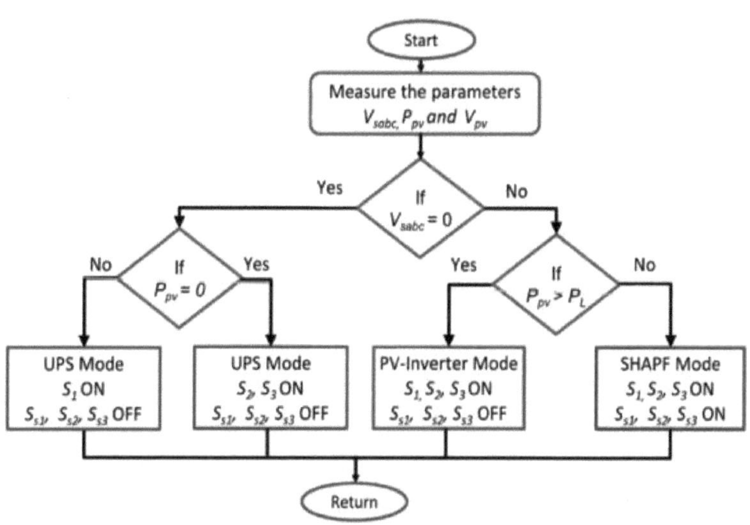

Figura 4.3 Uma ilustração dos modos de operação sugeridos pelo PV-SHAPF

Essencialmente, o PV-SHAPF baseado em 3LTI apresenta uma estrutura operacional sofisticada e adaptável, oferecendo não só capacidades de mitigação de harmónicas, mas também a flexibilidade para servir como uma fonte de energia fiável durante as interrupções e aproveitar a energia solar para a produção sustentável de energia. A Figura 4.3 serve como representação visual do intrincado fluxo de operações nos diferentes modos, mostrando a versatilidade do PV-SHAPF na gestão de diversos cenários de energia.

4.4.1 Controlador de corrente de histerese (HCC) com DFCEA

O controlador de corrente de histerese concebido com DFCEA e O controlador de corrente de histerese concebido com DFCEA e filtro de auto-ajuste (STF) é um sistema sofisticado destinado a gerir eficazmente os harmónicos de corrente no contexto de um PV-SHAPF. De um modo geral, no processamento de sinais, as técnicas de extração de componentes fundamentais são utilizadas para separar as componentes de frequência maior ou fundamental de um sinal que também pode conter ruído ou diferentes harmónicas. Em aplicações como os sistemas eléctricos, onde é necessário determinar e regular a frequência fundamental para um funcionamento eficaz, estes algoritmos são essenciais. A Figura 4.4 ilustra os componentes estruturais do controlador HCC.

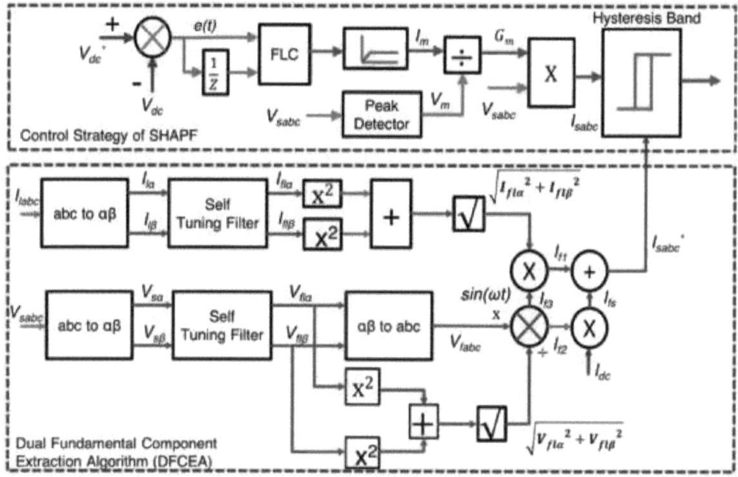

Figura 4.4 Proposta de controlador de corrente de histerese modificado (MHCC) com DFCEA

A primeira fase envolve o STF, que desempenha um papel fundamental na extração de componentes fundamentais das correntes de origem. Posteriormente, as componentes harmónicas α-β da corrente são geradas subtraindo os sinais de entrada do STF das saídas resultantes, como se mostra na Figura 4.5.

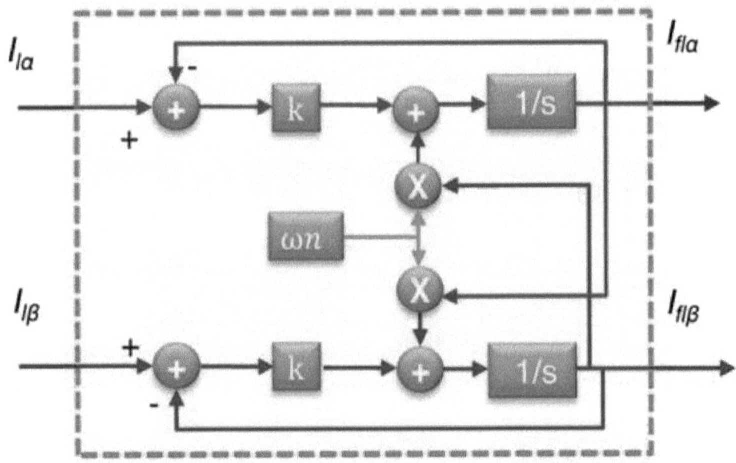

Figura 4.5 Diagrama operacional de uma STF

Estes sinais resultantes representam os componentes CA, que são os elementos harmónicos introduzidos pelas correntes de carga no quadro de referência estacionário em todas as fases (Liu et al. 2019; Ribeiro et al. 2015).

A saída dos blocos de soma iniciais pode ser expressa como

$$I_{\alpha}=I_{l\alpha} - I_{fl\alpha} \tag{4.2}$$

$$I_{\beta}=I_{l\beta}- I_{fl\beta} \tag{4.3}$$

Após multiplicar o ganho com as equações acima, pode ser expresso como

$$kI_{\alpha} = k\,(I_{l\alpha} - I_{fl\alpha}) \tag{4.4}$$

$$kI_{\beta}= k\,(I_{l\beta} - I_{fl\beta}) \tag{4.5}$$

A entrada dos integradores pode ser escrita como

$$kI_{\alpha} + \omega_n I_{fl\beta} = k\,(I_{l\alpha} - I_{fl\alpha}) + \omega_n I_{fl\beta} \quad (4.6)$$

$$kI_{\beta} + \omega_n I_{fl\alpha} = k\,(I_{l\beta} - I_{fl\beta}) + \omega_n I_{fl\alpha} \quad (4.7)$$

O $I_{fl\alpha}$ e o $I_{fl\beta}$ podem ser expressos como

$$I_{fl\alpha} = \frac{k\,(s+k)}{(s+k)^2 + \omega_n^2} I_{l\alpha} + \frac{k\,\omega_n}{(s+k)^2 + \omega_n^2} I_{l\beta} \quad (4.8)$$

$$I_{fl\beta} = \frac{k\,(s+k)}{(s+k)^2 + \omega_n^2} I_{l\beta} + \frac{k\,\omega_n}{(s+k)^2 + \omega_n^2} I_{l\alpha} \quad (4.9)$$

A estratégia de controlo global inclui um FLC, um bloco de transformação abc para αβ, um filtro de auto-ajuste, uma transformação αβ para abc e uma banda de histerese. A integração do DFCEA é fundamental para melhorar o desempenho do PV-SHAPF, particularmente na mitigação dos harmónicos de corrente em cenários caracterizados por tensão de fonte não sinusoidal ou poluída.

O DFCEA desempenha duas funções críticas no controlador. A parte superior do DFCEA concentra-se na extração de componentes fundamentais de tensão para sincronizar a fase do sistema de energia com a corrente de referência gerada. Simultaneamente, a parte inferior do DFCEA extrai componentes fundamentais de corrente para formular a corrente de referência.

O FLC dentro do HCC processa o sinal de erro derivado do comparador de tensão. Esta abordagem abrangente, combinando STF, DFCEA e FLC, assegura um mecanismo robusto para tratar e mitigar eficazmente os harmónicos de corrente no PV-SHAPF, particularmente em condições difíceis caracterizadas por tensões de fonte não sinusoidais ou poluídas.

Os valores de e(t) e δ(t) são expressos nas Equações 4.10 e 4.11.

$$e(t) = V_{dc}^{*} - V_{dc} \quad (4.10)$$

$$\delta(t) = e(t) - e(t-1) \quad (4.11)$$

As entradas para o FLC são os sinais e(t) e δ(t). Estes sinais passam por um processo que envolve regras difusas para produzir um sinal de controlo, I_m. A estrutura geral do Sistema de Inferência Fuzzy (FIS) generalizado está representada na Figura 4.6. O FLC inclui componentes chave: fuzzificação, defuzzificação, base de conhecimento e um sistema de tomada de decisão. A fuzzificação converte variáveis nítidas (entradas precisas e numéricas) em variáveis fuzzy, tornando-as passíveis de processamento lógico fuzzy. A defuzzificação, por outro lado, transforma as variáveis difusas novamente em variáveis nítidas para aplicação prática.

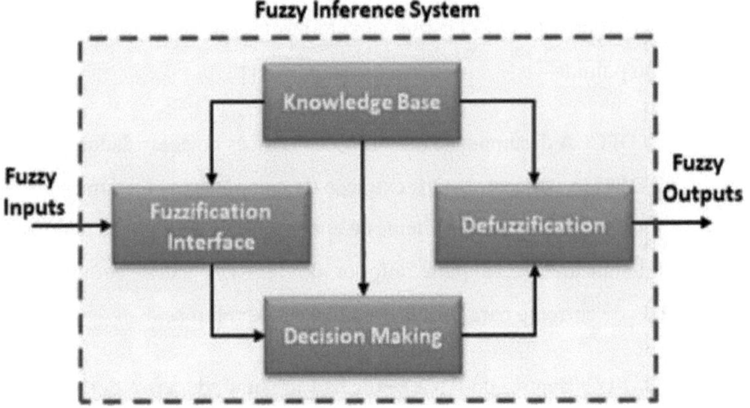

Figura 4.6 Arquitetura do quadro de inferência difusa

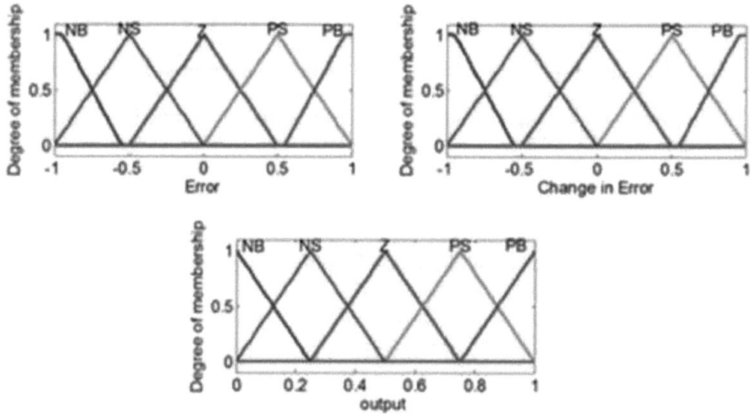

Figura 4.7 As funções de membro de entrada e saída do FIS

A base de conhecimentos, parte integrante do FLC, incorpora um motor de interferência fuzzy e regras de inferência fuzzy. Estas regras orientam a tomada de decisões com base nas variáveis de entrada e(t) e δ(t)). As funções de associação, ilustradas na Figura 4.7, desempenham um papel crucial na definição dos conjuntos fuzzy e das suas relações.

Tabela 4.2 Conjunto de regras fuzzy para a metodologia sugerida

e/Δe	NH	NL	Z	PL	PH
Negative High (NH)	NH	NH	NL	NL	Z
Negative Low (NL)	NH	NL	NL	Z	PL
Zero (Z)	NL	NL	Z	PL	PL
Positive Low (PL)	NL	Z	PL	PL	PH
Positive High (PH)	Z	PL	PL	PH	PH

Em particular, o FLC utiliza 25 regras "se e depois" para gerar o sinal de controlo necessário para a banda de histerese. As especificidades destas regras difusas são provavelmente tabuladas na Tabela 4.2. A condutância G_m pode ser obtida dividindo o sinal de controlo I_m por V_m. Isto implica que o FLC está envolvido na regulação da condutância com base nos sinais de entrada e nas regras difusas, contribuindo para o domínio mais vasto dos sistemas de controlo e dos processos de tomada de decisão.

A amplitude (I_m) de um sinal de controlo é derivada da tensão medida da fonte/grade (V_{sabc}) através da multiplicação da condutância (G_m) com a tensão da fonte. A geração da corrente de referência envolve um DFCEA que utiliza filtros de auto-ajuste para conseguir uma extração sem ondulações dos componentes essenciais da tensão e corrente da rede/fonte. A parte inferior do bloco de geração da corrente de referência centra-se na sincronização da fase da corrente de referência com a tensão da rede, um passo crucial para um controlo eficaz. Passando à parte superior do circuito de controlo, é discutida a geração da corrente de referência (I_{sabc}*). Uma transformada de Clarke é aplicada na parte da frente deste processo, convertendo a representação representação trifásica abc numa representação bifásica αβ. As equações 4.12 e 4.13 são introduzidas como ferramentas para esta transformação, definindo a conversão de V_{sabc} para $V_{\alpha\beta}$ e I_{sabc} para $I_{\alpha\beta}$. Estas equações desempenham provavelmente um papel fundamental nas transformações matemáticas necessárias para o sistema de controlo. No geral, a explicação aprofunda os meandros do circuito de controlo, detalhando os passos envolvidos na obtenção e geração da corrente de referência crucial para um controlo eficaz.

2

$$\begin{bmatrix} V_\alpha(t) \\ V_\beta(t) \end{bmatrix} = \frac{2}{3}\begin{bmatrix} 1 & -\frac{1}{2} & -\frac{1}{2} \\ 0 & \frac{\sqrt{3}}{2} & -\frac{\sqrt{3}}{2} \end{bmatrix}\begin{bmatrix} V_{sa}(t) \\ V_{sb}(t) \\ V_{sc}(t) \end{bmatrix} \tag{4.12}$$

$$\begin{bmatrix} i_\alpha(t) \\ i_\beta(t) \end{bmatrix} = \frac{2}{3}\begin{bmatrix} 1 & -\frac{1}{2} & -\frac{1}{2} \\ 0 & \frac{\sqrt{3}}{2} & -\frac{\sqrt{3}}{2} \end{bmatrix}\begin{bmatrix} i_{sa}(t) \\ i_{sb}(t) \\ i_{sc}(t) \end{bmatrix} \tag{4.13}$$

O bloco quadrado é utilizado para processar os parâmetros $V_{fl\alpha}$, $V_{fl\beta}$, $I_{fl\alpha}$ e $I_{fl\beta}$ que foram adquiridos pelo filtro de auto-ajuste. Tanto a Equação (4.14) como a Equação (4.15) expressam-no.

$$V_{fI} = \sqrt{{V_{fI\alpha}}^2 + {V_{fI\beta}}^2} \tag{4.14}$$

$$I_{fI} = \sqrt{{I_{fI\alpha}}^2 + {I_{fI\beta}}^2} \tag{4.15}$$

A transformação $\alpha\beta$ para abc converte $V_{fl\alpha}$ e $V_{fl\beta}$ em V_{fabc} e é dada na Equação (4.16).

$$\begin{bmatrix} V_{fa} \\ V_{fb} \\ V_{fc} \end{bmatrix} = \frac{3}{2}\begin{bmatrix} \frac{2}{3} & 0 \\ -\frac{1}{3} & \frac{\sqrt{3}}{3} \\ -\frac{1}{3} & -\frac{\sqrt{3}}{3} \end{bmatrix}\begin{bmatrix} V_\alpha(t) \\ V_\beta(t) \end{bmatrix} \tag{4.16}$$

A equação (4.17) fornece a saída do multiplicador V_{f2}.

$$V_{f2} = \frac{V_{fabc}}{\sqrt{{V_{fI\alpha}}^2 + {V_{fI\beta}}^2}} \tag{4.17}$$

As equações (4.18) e (4.19), respetivamente, fornecem as expressões para V_{f3} e I_{f1}.

$$V_{f3} = \frac{V_{fabc}}{\sqrt{{V_{fI\alpha}}^2 + {V_{fI\beta}}^2}} \sin(\omega t) \tag{4.18}$$

$$I_{f1} = \frac{V_{fabc}}{\sqrt{V_{f1\alpha}^2+V_{f1\beta}^2}}.\sin(\omega t).\sqrt{I_{f1\alpha}^2 + I_{f1\beta}^2} \quad (4.19)$$

A corrente de referência, I_{sabc}*, pode ser obtida a partir da Equação (4.20)

$$I_{sabc}^* = I_{fs} + I_{fl} \quad (4.20)$$

$$I_{fs} = V_{f2} * I_{dc} \quad (4.21)$$

Através da substituição de V_{f2} na Equação (4.21), o I_{fs} pode ser reformulado como se segue:

$$I_{fs} = \frac{V_{fabc}}{\sqrt{V_{f1\alpha}^2+V_{f1\beta}^2}} I_{dc} \quad (4.22)$$

As Equações (4.19) e (4.22) podem ser substituídas na Equação (4.20) para obter o I_{sabc}*.

$$I_{sabc}^* = \frac{V_{fabc}}{\sqrt{V_{f1\alpha}^2+V_{f1\beta}^2}}.I_{dc} + \frac{V_{fabc}}{\sqrt{V_{f1\alpha}^2+V_{f1\beta}^2}}.\sin(\omega t).\sqrt{I_{f1\alpha}^2 + I_{f1\beta}^2} \quad (4.23)$$

$$I_{sabc}^* = \frac{V_{fabc}}{\sqrt{V_{f1\alpha}^2+V_{f1\beta}^2}} [I_{dc}+ \sin(\omega t).]\sqrt{I_{f1\alpha}^2 + I_{f1\beta}^2} \quad (4.24)$$

Assim, obtém-se a corrente de referência, I_{sabc}*, para o MHCC proposto com DFCEA em PV-SHAPF.

As etapas envolvidas na DFEA no âmbito do sistema de controlo são descritas a seguir

Step 1: Extract Voltage Components ((Upper Part of DFCEA)

Function to perform upper part of DFCEA for voltage components extraction

def extract_voltage_components(V_{sabc}, I_{sabc}*):

Synchronize the phase of the PS with the generated RC

Implement the upper part of DFCEA for voltages extraction

V_{α}, V_{β} = clarke_transform(V_{sabc}); I_{α}, I_{β} = clarke_transform(I_{sabc}*)

Further processing if needed

Step 2: Extract Current Components (Lower Part of DFCEA)

Function to perform lower part of DFCEA for current components extraction

def extract_current_components(V_{sabc}, I_{sabc}*):

Formulate the reference current

Implement lower part of DFCEA for current components extraction

$V_{fl\alpha}$, $V_{fl\beta}$, $I_{fl\alpha}$, $I_{fl\beta}$ = process_parameters(V_{sabc}, I_{refabc})

V_{fabc} = alpha_beta_to_abc($V_{fl\alpha}$, $V_{fl\beta}$);V_{f2}_output , V_{f3}_output, I_{f1}_output

Further processing if needed

Step 3: Generate Reference Current (DFCEA with STF)

Function to generate reference current I_{sabc}*

def generate_reference_current(V_{sabc}):

Perform reference current generation using DFCEA

Apply self-tuning filters

obtaining I_{sabc}*

```
    return I_sabc*
Step 4: Control System Loop
# Main control loop integrating DFCEA, STF, and FLC
def control_system_loop(V_sabc, I_refabc):
    # Perform upper and lower parts of DFCEA for V and I components extraction
    extract_voltage_components(V_sabc, I_refabc); extract_current_components(V_sabc, I_refabc)
    # Generate reference current Isabc* using DFCEA with STF
    I_sabc*= generate_reference_current(V_sabc)
    # Process error signal with FLC within HCC
    error_signal = process_error_signal(V_sabc, I_sabc*)
    # Ensure robust mechanism for handling and mitigating current harmonics
    robust_mechanism = combine_approaches(STF, DFCEA, FLC)
    # Further processing and control actions
    # ...
```

4.5 RESUMO

No domínio da eletrónica de potência e das energias renováveis, o desafio de lidar com os harmónicos de corrente e melhorar a qualidade da energia é abordado através de uma abordagem pioneira apresentada neste capítulo da tese. O MHCC acoplado ao DFCEA assume o papel central, com o objetivo de mitigar os harmónicos de corrente num SHAPF baseado em 3LTI, especificamente concebido para integração com sistemas fotovoltaicos. O DFCEA desempenha um papel crucial ao isolar os componentes fundamentais de tensão e corrente essenciais para a sincronização e geração de corrente de referência num ambiente de tensão não sinusoidal. Adaptado para o inversor do tipo T ligado a PV - baseado em SHAPF, não só optimiza as correntes de referência para mitigação de harmónicos, como também se destaca em condições de tensão subóptimas.

O PV-SHAPF é uma topologia concebida para reduzir os harmónicos, melhorar a qualidade da energia, integrar as energias renováveis e aumentar a fiabilidade da rede. Utiliza um SHAPF baseado em 3LTI para aliviar as distorções e funciona em três modos: APF, UPS e Inversor FV. O HCC com DFCEA gere os harmónicos de corrente, com um STF e FLC a melhorar a atenuação dos harmónicos. A estratégia de controlo é detalhada em equações e diagramas, o que a torna um avanço significativo nos sistemas APF e de energias renováveis. O próximo capítulo abordará a modelação e a validação experimental do PV-SHAPF.

CAPÍTULO 5

SIMULAÇÃO E VALIDAÇÃO EXPERIMENTAL

5.1 INTRODUÇÃO

Na intersecção dinâmica da eletrónica de potência e das energias renováveis, o desafio persistente de lidar com os harmónicos de corrente e elevar o PQ levou ao desenvolvimento de uma solução inovadora. Este capítulo da tese revela uma abordagem pioneira na vanguarda deste esforço - o MHCC harmoniosamente emparelhado com o DFCEA. Esta combinação de vanguarda é estrategicamente concebida para mitigar os harmónicos de corrente no contexto de um SHAPF baseado em 3LTI, meticulosamente concebido para uma integração perfeita com sistemas fotovoltaicos. No centro desta nova metodologia está o DFCEA, um componente essencial que desempenha um papel crucial no isolamento dos componentes fundamentais de tensão e corrente. A sua missão é sincronizar e gerar correntes de referência num ambiente caracterizado por condições de tensão não sinusoidais. Adaptado especificamente para um SHAPF baseado em TI ligado a PV, o DFCEA não só optimiza as correntes de referência para mitigação de harmónicos, como também demonstra um desempenho excecional em cenários de tensão subóptima.

O PV-SHAPF, concebido como uma topologia holística, representa uma solução multifuncional para os desafios colocados pelos harmónicos. Ele engloba um SHAPF baseado em 3LTI que opera em três modos distintos. A intrincada orquestração do HCC com DFCEA, complementada por um filtro auto-ajustável e FLC, aumenta a capacidade do sistema para gerir eficazmente os harmónicos de corrente. À medida que nos aprofundamos no próximo capítulo, o foco será a modelação e a validação experimental do PV-SHAPF proposto. Esta exploração promete lançar luz sobre a robustez e a aplicabilidade prática do sistema desenvolvido, marcando um passo significativo no domínio dos filtros activos de potência e dos sistemas de energias renováveis.

5. SIMULAÇÃO E AVALIAÇÃO DO MÉTODO PROPOSTO

Nesta investigação, foi concebido um modelo de teste com uma potência nominal de 1,4 kVA para avaliar a eficácia do MHCC proposto com DFCEA no tratamento dos harmónicos de corrente induzidos por uma carga trifásica equilibrada com retificador de díodos. Os parâmetros do sistema são os seguintes:

Alimentação trifásica: 400 V (linha - linha), 50 Hz, ligado em Y, resistivo de carga 480 Ω; **matriz fotovoltaica:** 500 W, 12 V, 36 células (9 X 4), V_{oc} = 51,7 V,

I_{sc} = 12,28 A;

Conversor: L_1 = 39,788 μH, L_2 = 0,633 mH, C_1 = 1000 μF, C_2 = 1000 μF ;

Carga trifásica: 1,4 kW, 400 V, 50 Hz, 2 A, ligação em estrela,

Resistência = 480Ω/240Ω.

O conversor boost funciona com uma frequência de comutação fixa de 25 kHz. Para facilitar a análise e o teste, foi criado um modelo MATLAB utilizando o MATLAB/Simulink, como ilustrado na Figura 5.1. Este modelo serve como uma representação virtual do sistema proposto, permitindo permitindo um exame e uma avaliação aprofundados.

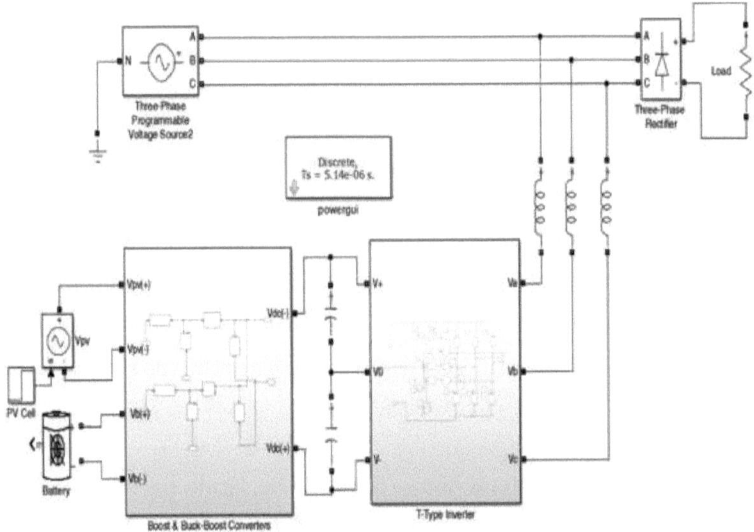

Figura 5.1 Quadro de simulação com HCC e DFCEA modificados para a PV-SHAPF proposta

O estudo está dividido em duas secções principais: o desempenho em estado estacionário do PV-SHAPF sob irradiação solar constante e o desempenho dinâmico sob irradiação solar variável. Esta divisão garante uma avaliação abrangente do comportamento do sistema em diferentes condições de funcionamento. A investigação tem como objetivo validar a eficiência do MHCC com DFCEA na minimização dos harmónicos de corrente, concentrando-se particularmente na sua resposta a níveis variáveis de irradiação solar. Ao empregar uma abordagem estruturada para avaliações dinâmicas e em estado estacionário, os investigadores podem obter informações sobre o desempenho do sistema em diferentes cenários. Esta análise detalhada contribui para a compreensão da robustez e adaptabilidade da solução proposta, fornecendo informações valiosas para potenciais aplicações em cenários reais.

5.2.1 Desempenho em estado estacionário do PV-SHAPF com radiação solar permanente

Nesta análise, o foco passa a ser o desempenho em estado estacionário durante a interconexão de uma carga constante na saída de um diodo trifásico. As Figuras 5.2 (a, b, c, d, e, f) apresentam uma descrição detalhada de vários parâmetros e variáveis, oferecendo uma compreensão abrangente do comportamento do sistema. O objetivo principal é gerar uma tensão CC constante através de um conjunto fotovoltaico, o que se consegue submetendo o modelo do sistema fotovoltaico a uma irradiância solar de 980 W/m^2. A Figura 5.2 capta os principais aspectos, incluindo a tensão do conjunto FV, a tensão L1, a corrente L1, a tensão do barramento CC e as tensões de saída por fase do inversor do tipo T.

A tensão de saída do conjunto fotovoltaico, quando exposto a uma irradiação solar de 980 W/m^2, é de 90 V, como mostra a Figura 5.2 (a). Para garantir a estabilidade e a regulação, a Figura 5.2 (c) demonstra que a tensão de saída do conversor boost é efetivamente controlada a 600 V. Este nível de controlo é essencial para manter uma saída CC fiável e constante do sistema.

As figuras 5.2 (d,e,f) destacam especificamente a tensão de saída do inversor tipo T. Este componente desempenha um papel crucial na conversão da tensão CC numa saída CA. A representação visual pormenorizada ajuda a avaliar o desempenho do inversor, oferecendo informações sobre a sua capacidade de manter uma saída estável e regulada.

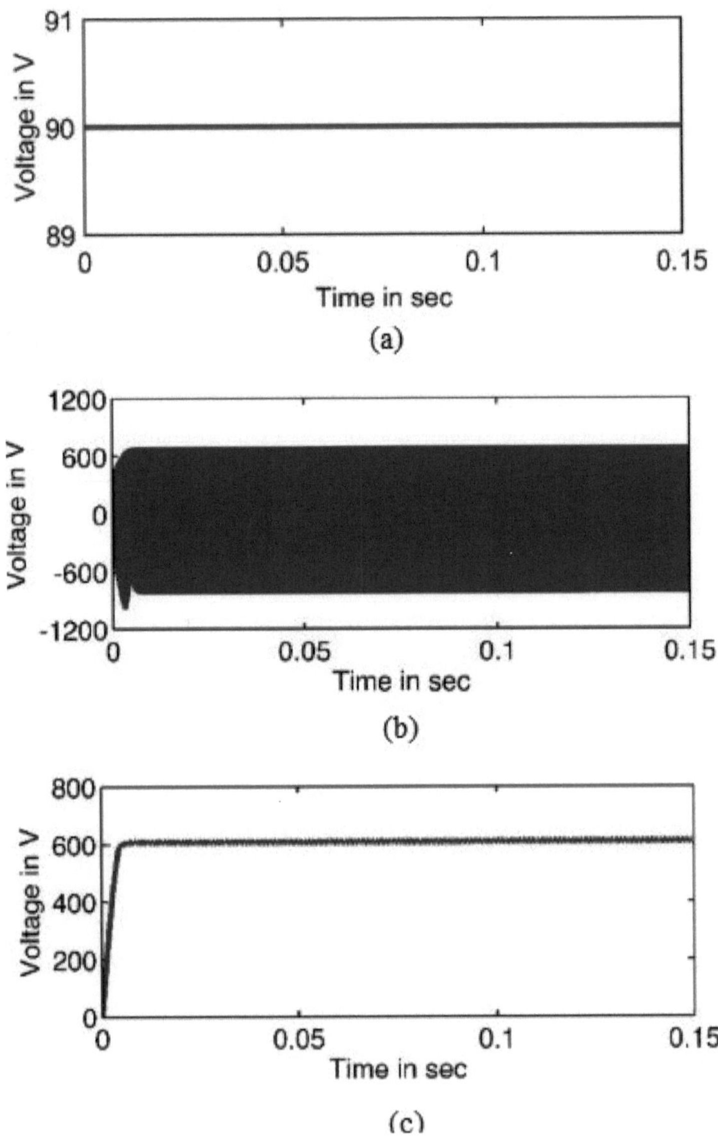

Figura 5.2 Resultados da simulação com carga constante: (a) Tensão de saída do conjunto fotovoltaico; (b) Tensão L1 do indutor; (c) Tensão DCL

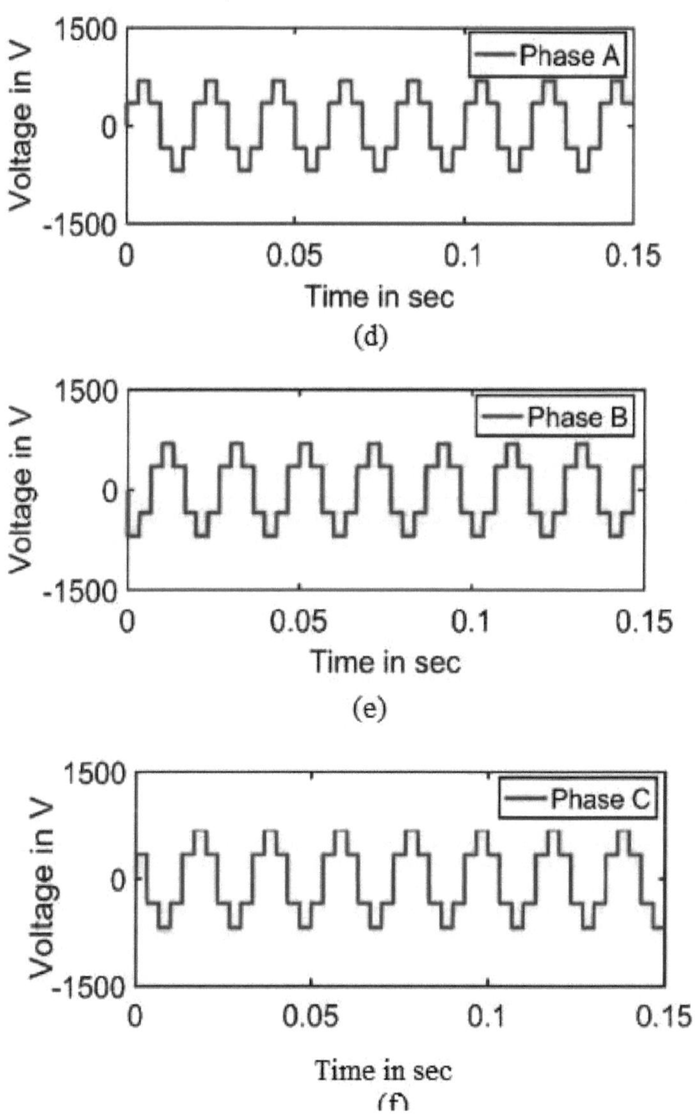

Figura 5.2 **Resultados da simulação com carga constante: (d) Tensão de saída da fase a (e) Tensão de saída da fase b (f) Tensão de saída da fase c**

Em geral, estas observações e medições fornecem informações valiosas sobre a resposta do sistema a uma carga constante, esclarecendo a eficácia das técnicas e componentes aplicados para garantir uma produção fiável e controlada em condições específicas de irradiação solar. A análise serve de base para compreender o comportamento do sistema em cenários práticos, contribuindo para o desenvolvimento e otimização contínuos dos sistemas de energias renováveis.

O Controlador de Corrente de Histerese Modificada (MHCC) proposto com (DFCEA) no contexto de uma PV-SHAPF foi posto à prova através de um modelo experimental utilizando o controlador SPARTAN 6 FPGA. A comparação dos resultados simulados e experimentais é crucial para validar a eficácia do sistema proposto. Os analisadores de potência de seis fases foram utilizados para medir e analisar parâmetros-chave, assegurando uma avaliação abrangente. O modelo experimental corresponde a um sistema de 1,4 kVA, 400 V, 50 Hz, com uma corrente de carga nominal de 2 A. Esta configuração reflecte as condições do mundo real e fornece uma base prática para a validação.

Na Figura 5.3 (a, b, c, d, e), os resultados experimentais são apresentados visualmente, mostrando métricas vitais como a tensão do conjunto fotovoltaico, a tensão e a corrente do indutor L1, a tensão do barramento CC e as tensões de saída por fase do TI. A comparação entre os dados simulados e experimentais oferece uma visão do desempenho do sistema no mundo real e do seu alinhamento com as expectativas teóricas. Esta investigação utiliza tecnologia FPGA e validações experimentais para verificar o MHCC proposto com DFCEA, assegurando a sua fiabilidade e aplicabilidade no tratamento de harmónicos em sistemas de energias renováveis.

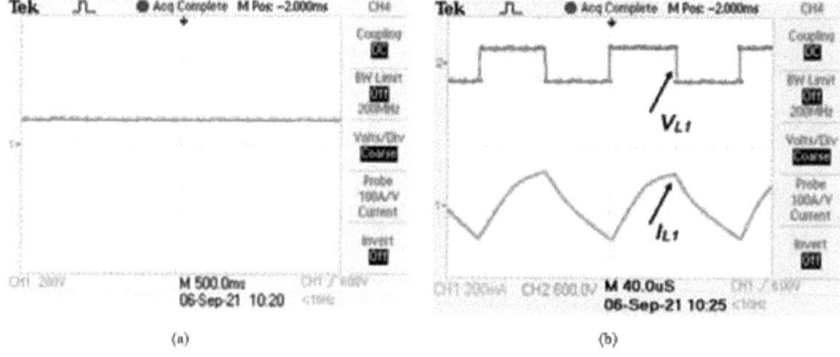

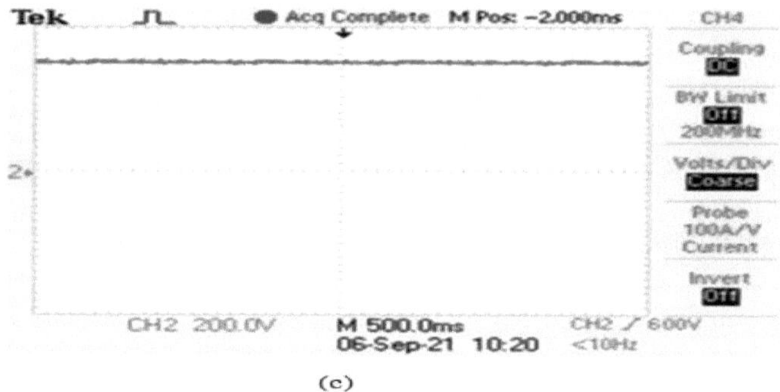

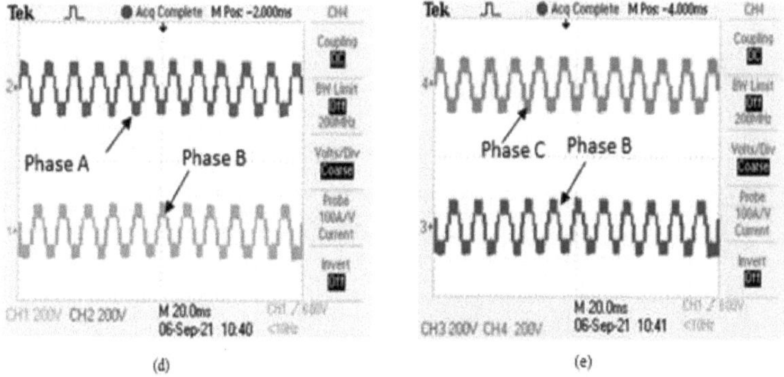

Figura 5.3 Resultados experimentais com carga constante: (a) tensão do conjunto fotovoltaico; (b) tensão e corrente do indutor L1; (c) tensão DCL (d) tensão TI da fase a e da fase b; (e) tensão TI da fase b e da fase c

Na Figura 5.4, os resultados da simulação da análise em estado estacionário são apresentados, fornecendo uma visão abrangente do desempenho do sistema. A simulação, com um tempo total de execução de 0,15 segundos, utiliza uma fonte de tensão trifásica programável acoplada a um retificador de díodos trifásico para induzir uma corrente distorcida na fonte. Os resultados são categorizados em três aspectos principais: 1) Corrente da fonte (SC) antes da compensação, 2) corrente injectada do PV-SHAPF, e 3) SC após as compensações.

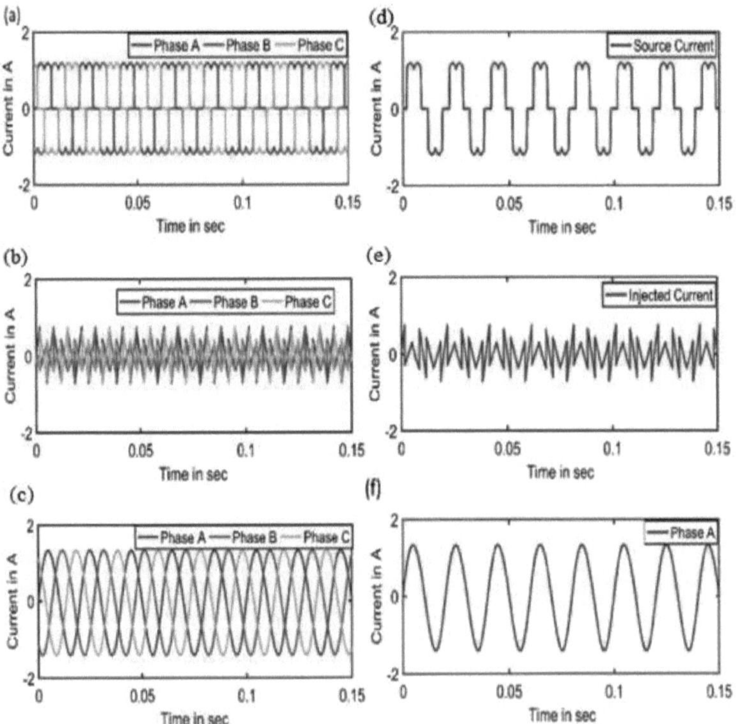

Figura 5.4 Resultados da simulação com carga constante: (a) SC antes da compensação; (b) Corrente injectada pelo PV-SHAPF; (c) SC após compensação; (d) SC da fase a antes da

compensação; (e) Corrente injectada na fase a; (f) SC da fase a após compensação

O MHCC com PV-SHAPF controlado por DFCEA prova a sua eficácia ao compensar eficazmente os harmónicos de corrente da fonte através da injeção de corrente negativa no sistema.

5.2.2 Desempenho dinâmico do PV-SHAPF em radiação solar variável

Nesta subsecção, o foco é a avaliação das capacidades de mitigação de harmónicos do MHCC proposto com DFCEA em condições de carga dinâmica e irradiação solar variável. A análise envolve resultados de simulação e experimentais, proporcionando uma compreensão abrangente do desempenho do sistema em cenários reais.

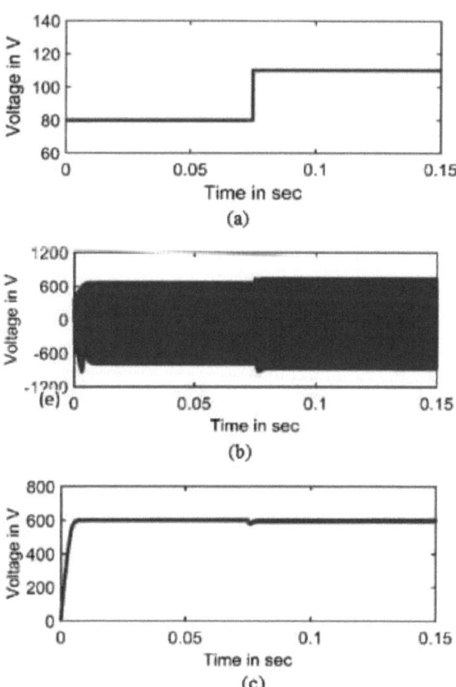

Figura 5.5 Resultados da simulação sob carga dinâmica: (a) Tensão de saída do gerador fotovoltaico; (b) Tensão L1 do indutor; (c) Tensão DCL

Para testar a capacidade do sistema para mitigar os harmónicos de corrente sob irradiação solar variável, é inicialmente aplicada uma irradiação solar de 670 W/m^2 e, em 0,075 segundos, é aumentada para 920 W/m^2. Os resultados da simulação sob carga dinâmica são apresentados na Figura 5.5, com as Figuras 4.5 (a), 5.5 (b) e 5.5 (c) a mostrar a tensão de saída do conjunto fotovoltaico, a tensão L1 do indutor e a tensão DCL, respetivamente. A Figura 5.5 (d, e, f) ilustra as respostas da tensão do barramento dc e as saídas do inversor do tipo T. Estes resultados mostram como o sistema se adapta às alterações da irradiação solar, evidenciando o seu desempenho dinâmico.

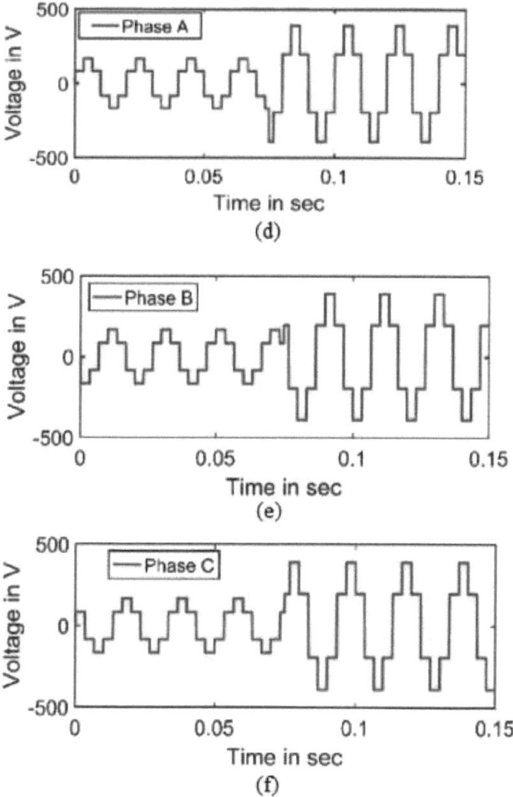

Figura 5.5 Resultados da simulação com carga variável: (d) tensão de saída da fase a; (e) tensão de saída da fase b; (f) tensão de saída da fase c

Os resultados experimentais correspondentes são apresentados na Figura 5.6, detalhando os principais parâmetros, como a tensão do conjunto fotovoltaico, a tensão e a corrente do indutor L1, a tensão do barramento CC e as tensões de saída por fase dos inversores do tipo T (TI).

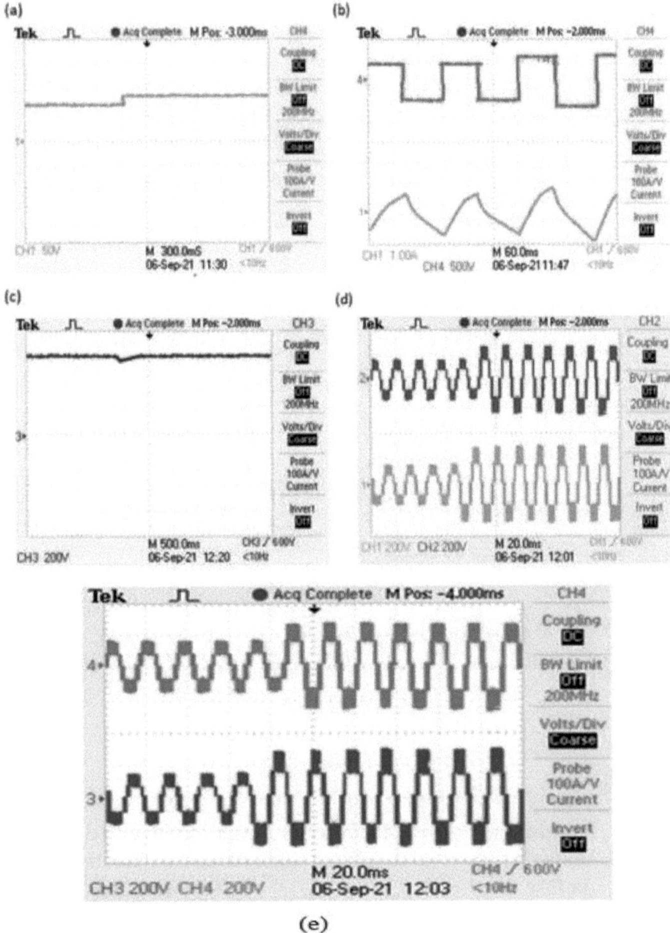

Figura 5.6 Resultados experimentais com carga variável: (a) tensão do conjunto fotovoltaico; (b) tensão e corrente do indutor L1; (c) tensão DCL; (d) tensão da fase a e da fase b do TI; (e) tensão da fase b e da fase c do TI

Esta validação experimental acrescenta uma dimensão prática aos resultados, garantindo a fiabilidade e a aplicabilidade do sistema proposto em condições dinâmicas.

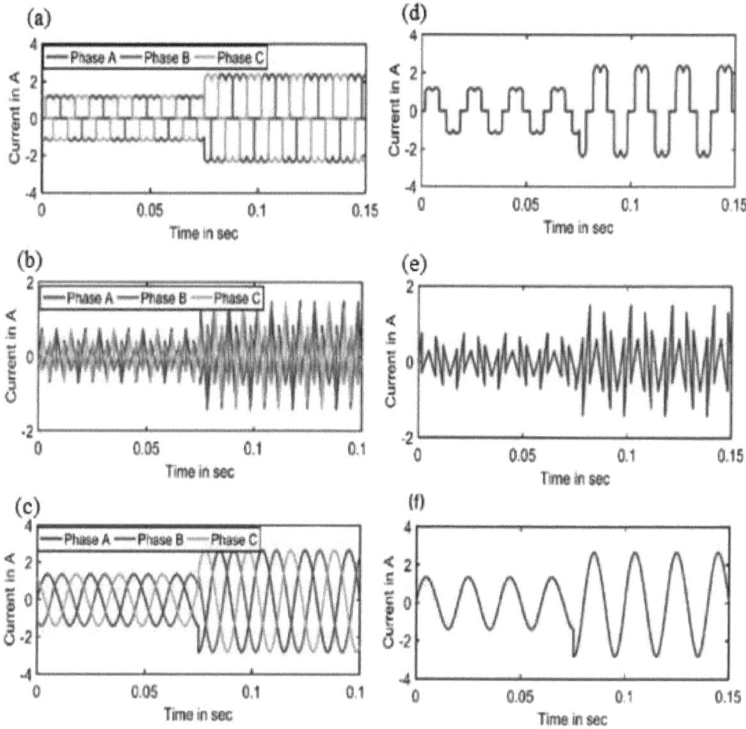

Figura 5.7 Resultados da simulação em regime dinâmico: (a) Corrente da fonte (SC) antes da compensação; (b) Corrente injectada pelo PV-SHAPF; (c) SC após compensação; (d) SC da fase a antes da compensação; (e) Corrente injectada na fase a; (f) SC da fase a após compensação

A Figura 5.7 muda o foco para a análise de carga dinâmica, tanto na simulação como na experiência. Uma carga resistiva ligada a um retificador de díodos trifásico é aumentada gradualmente de 1 A (RMS) para 2 A (RMS), acompanhada por uma diminuição da resistência da carga de 480 Ω para 240 Ω em 0,075 segundos. Estas condições de carga dinâmica permitem avaliar a resposta do sistema a cenários de carga variáveis, fornecendo informações sobre a sua adaptabilidade e desempenho em ambientes dinâmicos.

Em geral, esta análise abrangente em condições dinâmicas enriquece a nossa compreensão do MHCC com sistema controlado por DFCEA, demonstrando a sua versatilidade e eficácia na atenuação de harmónicos na presença de irradiância solar variável e cargas dinâmicas.

5.3 RESUMO

Neste capítulo, a investigação centra-se na abordagem dos harmónicos de corrente e na melhoria do PQ no domínio da eletrónica de potência e das energias renováveis. É apresentada uma solução pioneira, que combina o MHCC com o DFCEA, para uma PV-SHAPF baseada num inversor tipo T de três níveis. O DFCEA desempenha um papel crucial no isolamento dos componentes fundamentais de tensão e corrente, optimizando as correntes de referência para a mitigação de harmónicos, mesmo em condições de tensão não sinusoidal. O PV-SHAPF, concebido como uma topologia holística, integra o MHCC com o DFCEA, um filtro auto-ajustável e um FLC para gerir eficazmente os harmónicos de corrente. O capítulo sublinha a importância da modelação e validação experimental, com o objetivo de afirmar a robustez do sistema e a sua aplicabilidade prática. A simulação e os resultados experimentais demonstram a eficácia do MHCC com DFCEA na mitigação dos harmónicos de corrente induzidos por uma carga trifásica rectificadora de díodos. A análise exaustiva do desempenho em estado estacionário e dinâmico sob irradiação solar variável realça a adaptabilidade do sistema. O modelo experimental, que emprega a tecnologia FPGA, valida o desempenho do sistema proposto no mundo real, alinhando-se bem com as expectativas teóricas. O capítulo conclui com uma análise exaustiva em condições dinâmicas, realçando a versatilidade e a eficácia do sistema na mitigação de harmónicos em condições de irradiação solar variável e cargas dinâmicas.

O capítulo seguinte abordará a THD da corrente de alimentação em circunstâncias de carga em estado estacionário e dinâmica após a integração do

PV-SHAPF. O Capítulo 6 também compara o PV-SHAPF sugerido, controlado pela técnica de controlo do Quadro de Referência Síncrono (SRF), com o PV-SHAPF gerido pelo Controlo Vetorial de Espaço de Corrente Contínua (DC SVC).

CAPÍTULO 6

RESULTADOS E DEBATES

6.1 INTODUÇÃO

No domínio das energias renováveis e da eletrónica de potência, o desafio persistente de mitigar os harmónicos de corrente constitui um obstáculo crítico à integração perfeita de sistemas eficientes e fiáveis. Esta tese investiga uma abordagem inovadora destinada a enfrentar este desafio de frente - a integração de um MHCC com DFCEA no contexto de uma PV-SHAPF. Este capítulo de investigação apresenta uma exploração exaustiva dos resultados e uma discussão pormenorizada sobre o desempenho e as implicações deste sistema inovador. Ao entrarmos no capítulo dos resultados e discussão, o foco será revelar os resultados das simulações e experiências, fornecendo uma análise detalhada do desempenho do sistema em condições desempenho do sistema em condições de estado estacionário e dinâmicas. Este capítulo tem como objetivo examinar criticamente a eficácia do MHCC com DFCEA na mitigação dos harmónicos de corrente, oferecendo informações valiosas sobre a adaptabilidade do sistema e potenciais aplicações no mundo real. No capítulo anterior, foi efectuada uma análise exaustiva da PV-SHAPF sugerida, tanto antes como depois da implementação do MHCC com DFCEA. Os resultados e uma discussão sobre a THD em dois cenários estão incluídos nesta secção. O primeiro é a THD no desempenho em estado estacionário da PV-SHAPF quando a irradiância solar é constante, e o segundo é a THD no desempenho dinâmico da PV-SHAPF quando a irradiância solar é variável. Além disso, a abordagem sugerida é comparada com a metodologia atual, tal como o PV-SHAPF gerido pelo Controlo Vetorial de Espaço de Corrente Contínua (DC SVC) contra o PV-SHAPF controlado pela técnica de controlo do Quadro de Referência Síncrono (SRF).

6.2 ANÁLISE THD SOB O DESEMPENHO EM ESTADO ESTACIONÁRIO DO PV-SHAPF DURANTE A IRRADIAÇÃO SOLAR CONSTANTE

Quando uma carga constante é ligada à saída do díodo trifásico, observam-se desempenhos em estado estacionário. Ao adicionar uma irradiação solar de 980 W/m2 ao modelo do sistema fotovoltaico, pode ser produzida uma tensão contínua de corrente contínua através do conjunto fotovoltaico. Ao introduzir corrente negativa no sistema, o MHCC com PV-SHAPF controlado por DFCEA compensa eficazmente os harmónicos de corrente da fonte. Apesar dos resultados do PV-SHAPF, o conteúdo THD da corrente de alimentação é inferior a 1,66% e observa-se que os harmónicos SC são compensados com sucesso. A Figura 6.1 mostra a THD da corrente de alimentação após a ligação do PV SHAPF.

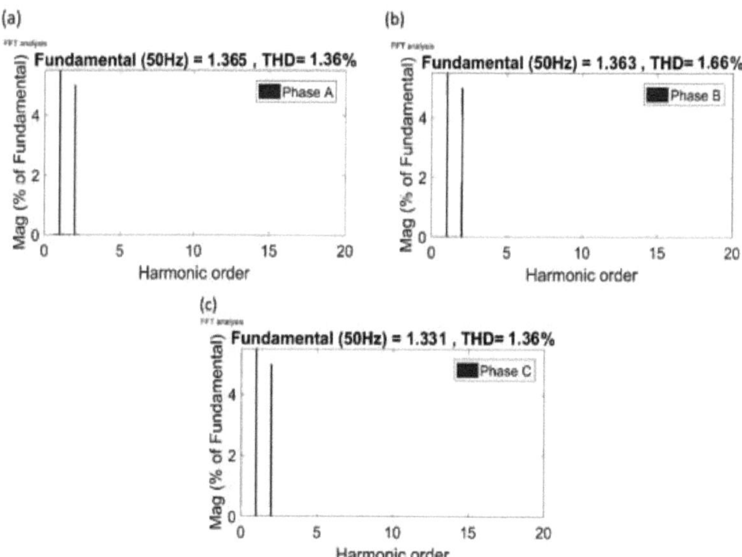

Figura 6.1 Resultados da simulação da THD para o SC após a compensação

A THD do SC diminuiu de 30,59% para 1,66%, como se pode ver na Figura 6.2. Seguem-se os resultados experimentais para a corrente da fonte antes de compensar, a corrente da fonte após a compensação e a THD, como mostram as Figuras 6.3, 6.4 e 6.5 para as fases a, b e c, antes e depois da compensação. A combinação de DFCEA e MHCC em PV-SHAPF diminuiu significativamente o valor de THD em todos os casos. O valor de THD é reduzido para 1,6%, 1,8% e 1,7% para as fases a, b e c, respetivamente.

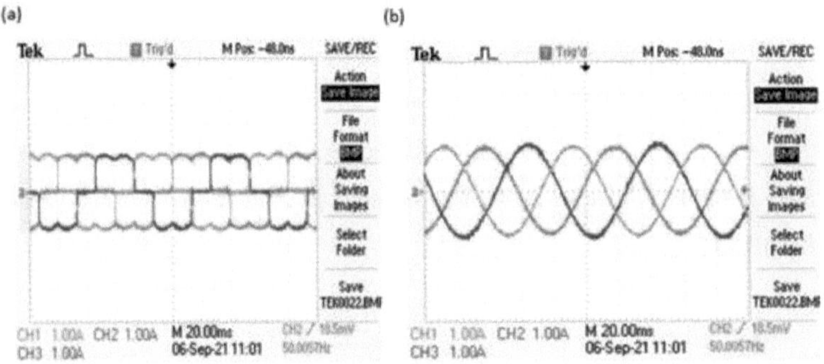

Figura 6.2 **Resultados do estudo com uma carga constante: (a) SC antes da compensação; (b) SC após a compensação**

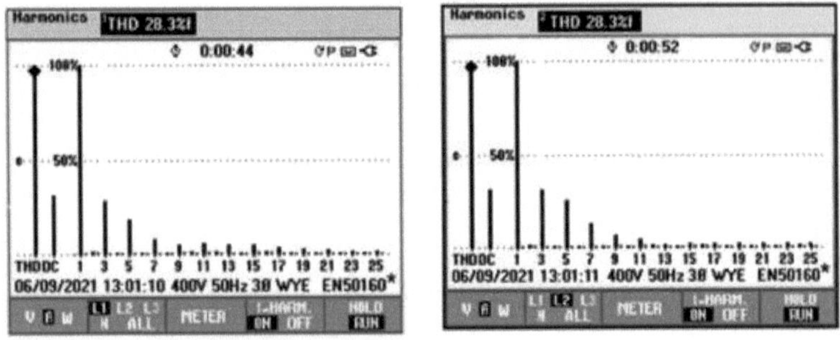

Figura 6.3 **Resultados do estudo com uma carga constante: (a) THD da fase a antes da compensação; (b) THD da fase a após a compensação**

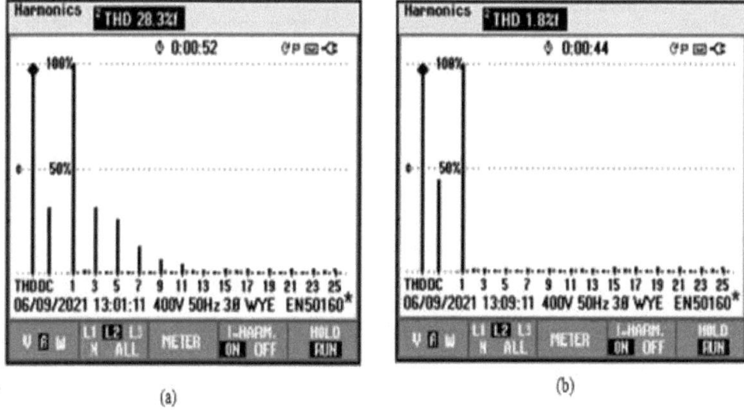

Figura 6.4 **Resultados do estudo com uma carga constante: (a) THD da fase b antes da compensação; (b) THD da fase b após a compensação**

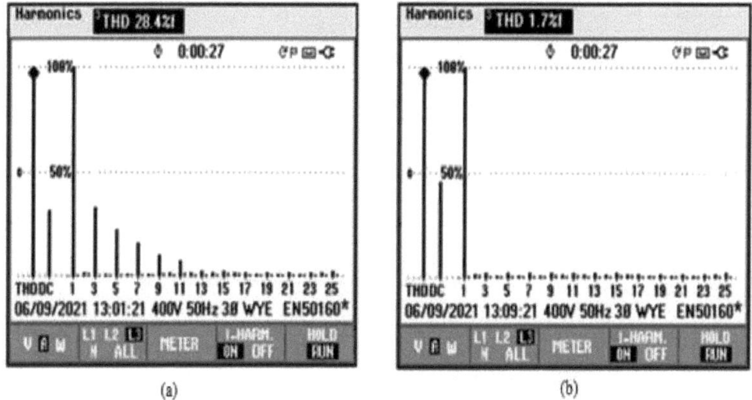

Figura 6.5 **Resultados do estudo com uma carga estável: (a) THD da fase c antes da compensação; (b) THD da fase c após a compensação**

6.3 ANÁLISE THD SOB O DESEMPENHO EM ESTADO DINÂMICO DO PV-SHAPF DURANTE A IRRADIAÇÃO SOLAR VARIÁVEL

Apesar dos resultados do PV-SHAPF em condições de carga dinâmica, observa-se que os harmónicos da corrente da fonte são compensados com sucesso e que o conteúdo THD da corrente de alimentação é reduzido para menos de 1,59%. A Figura 6.6 apresenta a THD da corrente de alimentação em condições de carga dinâmica após a ligação do PV-SHAPF.

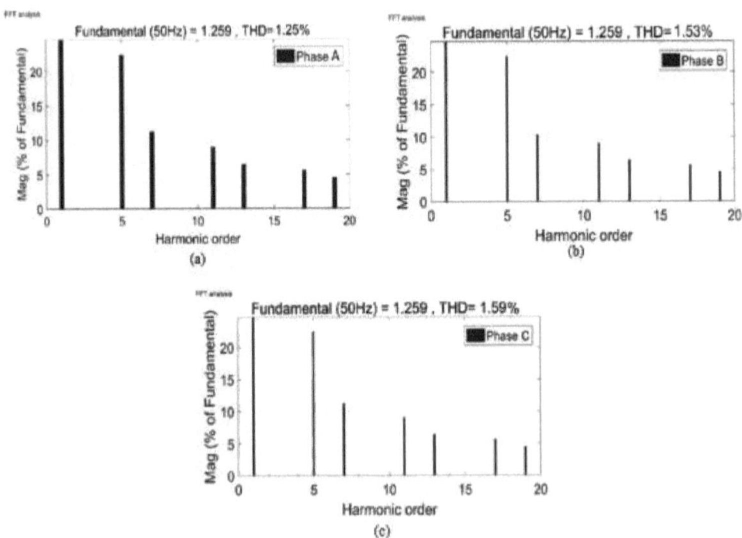

Figura 6.6 Resultados da simulação: THD do SC após compensação. (a) Fase a; (b) Fase b; (c) Fase c.

A THD da corrente da fonte é agora inferior a 1,59%, em comparação com 40,70%. Os resultados experimentais da análise dos cenários de carga dinâmica são apresentados nas Figuras 6.7 a 6.10; estes incluem a corrente da fonte antes e depois da compensação, bem como a THD em cada uma das três fases antes e depois da compensação.

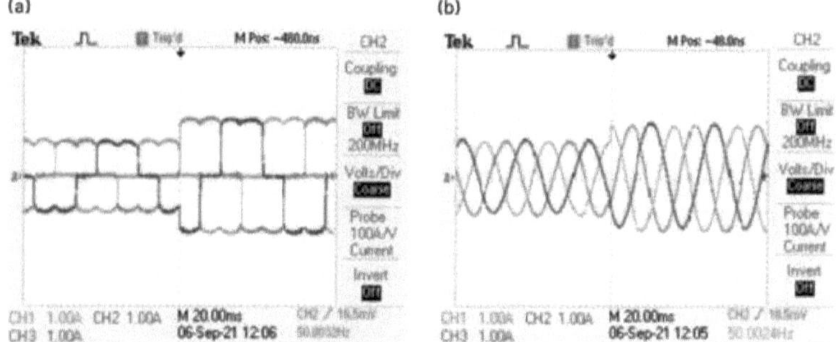

Figura 6.7 **Estudos efectuados com cargas flutuantes: (a) SC antes da compensação; (b) SC após compensação**

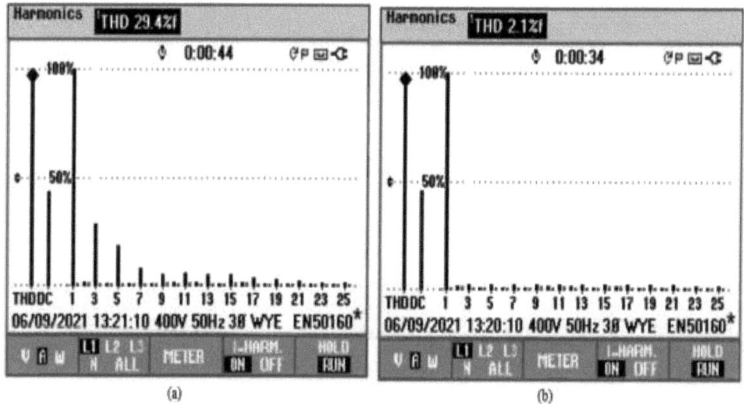

Figura 6.8 **Estudos efectuados com cargas flutuantes: (a) THD da fase a antes da compensação; (b) THD da fase a depois da compensação**

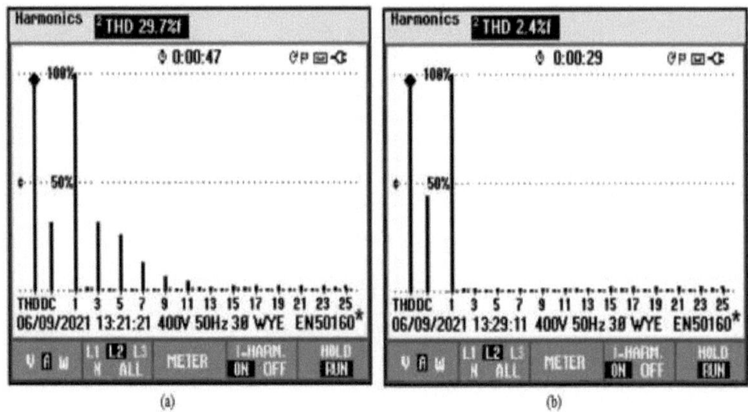

Figura 6.9 **Estudos efectuados com cargas flutuantes: (a) THD da fase b antes da compensação; (b) THD da fase b depois da compensação**

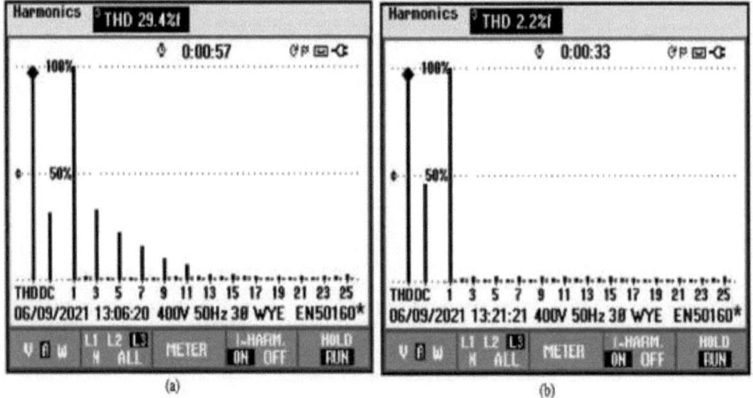

Figura 6.10 **Estudos efectuados com cargas flutuantes: (a) THD da fase c antes da compensação; (b) THD da fase c após compensação**

As THDs de corrente de fonte adquiridas pelo MHCC - DFCEA sugerido em dois cenários de operação são apresentadas na Tabela 6.1.

Tabela 6.1 THDs do SC obtidas em dois cenários de operação utilizando o MHCC proposto - DFCEA

Condições	Fases	Corrente da fonte (SC's) THD em %	
		Antes da indemnização	Após a indemnização
Sob carga constante	Fase a	30.59	1.36
	Fase b	30.53	1.66
	Fase c	30.55	1.36
Sob carga variável	Fase a	40.70	1.25
	Fase b	40.58	1.53
	Fase c	39.25	1.59

Pode ser inferido da Tabela 6.1 que o O MHCC - DFCEA sugerido melhora a qualidade da energia em cenários de carga constante e variável, reduzindo eficientemente a THD nas correntes de origem.

6.4 COMPARAÇÃO DO DESEMPENHO DO PV-SHAPF COM ESTRATÉGIA DE CONTROLO DC-SVC E SRF

Nesta secção, é apresentada uma comparação exaustiva do desempenho de três estratégias de controlo para um filtro de potência ativo em derivação fotovoltaico (PV-SHAPF). As estratégias incluem DC-SVC (Vinoth & Babu 2020), controlo SRF (Arul Kumar & Krishnamurthy 2021) e uma nova abordagem que utiliza MHCC com DFCEA. A avaliação centra-se em parâmetros como os harmónicos da corrente de alimentação antes e depois da compensação.

A Tabela 6.2, a Figura 6.11 e a Figura 6.12 resumem a THD da corrente de alimentação em condições de carga constante e dinâmica para cada estratégia. Inicialmente, a corrente de alimentação apresenta distorção, registando valores de THD de 30,59%, 30,53% e 30,55% em carga constante, e 40,70%, 40,58% e 39,25% em carga dinâmica.

Tabela 6.2 Comparação da THD do SC entre o CC-SVC, o SRF e o esquema de controlo MHCC-DFCEA proposto

Conditions	Phases	SC's THD before compensation	SC's THD after compensation		
			PV-SHAPF with DC-SVC	PV-SHAPF with SRF controller	Proposed PV-SHAPF with MHCC-DFCEA
Under Constant Load	Phase a	30.59	4.56	2.40	1.36
	Phase b	30.53	4.62	2.60	1.66
	Phase c	30.55	4.72	2.70	1.36
Under Variable Load	Phase a	40.70	5.34	2.28	1.25
	Phase b	40.58	5.42	2.51	1.53
	Phase c	39.25	5.24	2.44	1.59

De forma notável, o MHCC - DFCEA proposto demonstra um desempenho superior, reduzindo a THD para menos de 1,66%. Em contraste, os métodos de controlo DC-SVC e SRF produzem THD mais elevada mesmo após a ligação PV-SHAPF.

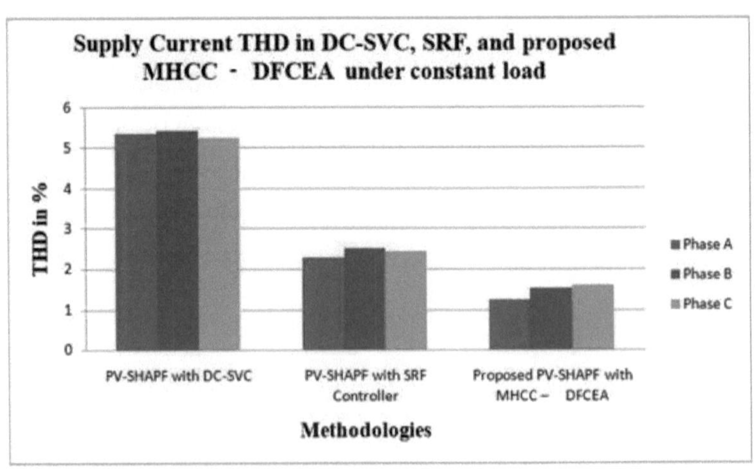

Figura 6.11 Comparação da THD da corrente de alimentação sob carga constante, comparando os controlos DC-SVC, SRF e MHCC-DFCEA

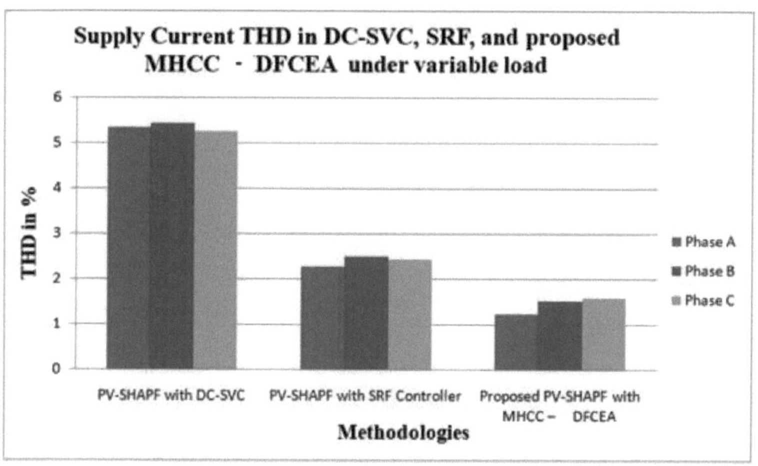

Figura 6.12 Comparação da carga variável THD da corrente de alimentação comparando os controlos DC-SVC, SRF e MHCC-DFCEA

Isto leva à conclusão de que o MHCC - DFCEA é adequado para aplicações PV-SHAPF, oferecendo excelência dinâmica na mitigação de harmónicos de corrente. A Figura 6.13 mostra um instantâneo do modelo experimental.

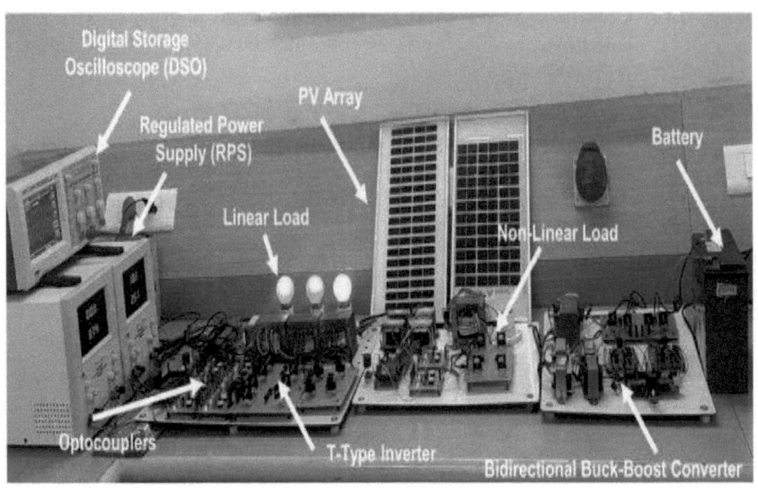

Figura 6.13 Uma imagem do modelo experimental

6.5 RESUMO

Nesta tese, o foco é abordar o desafio de mitigar os harmónicos de corrente em sistemas de energia renovável, particularmente no contexto de PV-SHAPF. A abordagem inovadora envolve a integração de um MHCC com DFCEA. A investigação explora o desempenho do sistema em condições dinâmicas e de estado estacionário, realçando a eficácia do MHCC com DFCEA na redução dos harmónicos de corrente. Sob irradiação solar constante, o MHCC com DFCEA-controlado PV-SHAPF compensa eficientemente os harmónicos de corrente da fonte, reduzindo o THD para menos de 1,66%. Do mesmo modo, em condições de irradiância solar variável e de carga dinâmica, a abordagem proposta compensa com êxito os harmónicos da corrente da fonte, reduzindo a THD para menos de 1,59%. Os resultados experimentais e as simulações ilustram a redução significativa da THD, demonstrando a adaptabilidade do sistema e a sua aplicabilidade no mundo real.

Além disso, é efectuada uma comparação de desempenho entre três estratégias de controlo: DC-SVC, controlo SRF e MHCC com DFCEA modificado. Os resultados indicam que o MHCC - DFCEA supera os outros métodos, reduzindo consistentemente a THD para menos de 1,66%. No geral, o método proposto MHCC-DFCEA apresenta uma solução promissora para melhorar a qualidade da energia em sistemas PV-SHAPF.

CAPÍTULO 7

CONCLUSÃO E ÂMBITO FUTURO

7.1 CONCLUSÃO

Esta tese propõe e analisa um MHCC com DFCEA para PV-SHAPF, o que constitui uma contribuição substancial para os domínios da eletrónica de potência e das energias renováveis. O principal objetivo desta investigação é obter um melhor desempenho de filtragem que cumpra as restrições de harmónicas definidas na norma IEEE 519-1992. A forte mitigação de harmónicas é um dos potenciais benefícios do controlador MHCC-DFCEA proposto, especialmente em situações de grande distorção. A norma IEEE 519-1992 impõe restrições rigorosas de 4% e 1%, respetivamente, aos harmónicos pares e ímpares individuais. Para além disso, a THD do sistema não deve ser superior a 5%. O controlador sugerido demonstra a sua capacidade de oferecer uma atenuação superior dos harmónicos, cumprindo e ultrapassando determinados valores de referência.

A robustez do MHCC-DFCEA é examinada em duas condições de funcionamento distintas, o que permite uma compreensão exaustiva da sua funcionalidade. Os resultados mostram uma diminuição notável dos CHs, que passaram de mais de 30,53% antes da compensação para uns surpreendentes 1,25% após a compensação. Isto indica que o método de controlo sugerido é eficaz para ajustar os harmónicos presentes e garantir o cumprimento de orientações rigorosas. O desempenho superior do algoritmo de controlo MHCC-DFCEA na supressão de CHs é ainda validado pelos resultados das simulações. O controlador sugerido é implementado numa FPGA para aumentar a sua aplicabilidade prática e mostrar que é viável para utilização em aplicações reais. A tese propõe técnicas de controlo inteligentes como substituto do controlo de tensão DCL baseado em FLC em sistemas PV-SHAPF para obter uma atenuação robusta dos harmónicos. Ao utilizar FPGA para o efeito, são fornecidos conhecimentos teóricos e práticos, melhorando o desempenho do SHAPF e abrindo a porta a novos desenvolvimentos.

7.2 VANTAGENS E LIMITAÇÕES DO TRABALHO DE INVESTIGAÇÃO

- O MHCC proposto com DFCEA melhora o desempenho da filtragem, garantindo o cumprimento das restrições harmónicas definidas pela norma IEEE 519-1992.

- O controlador atenua eficazmente os harmónicos, particularmente em condições de energia altamente distorcida, enfrentando desafios em cenários não ideais.

- A adesão às normas IEEE é conseguida, mantendo limites rigorosos de harmónicos de 4% para os harmónicos ímpares individuais, 1% para os harmónicos pares e um limite total de THD de 5%.

- O algoritmo de controlo reduz significativamente os harmónicos de corrente, de mais de 30,53% antes da compensação para 1,25% depois, demonstrando a sua eficácia.

- A implementação prática é validada através da implementação bem sucedida em FPGA do algoritmo de controlo MHCC-DFCEA, indicando a sua aplicabilidade no mundo real.

Limitações:

- A análise da robustez é efectuada em estados de funcionamento específicos, o que pode limitar a aplicabilidade mais ampla dos resultados a outras condições de funcionamento.

- Embora o modelo simulado mostre um desempenho superior, é necessária uma validação no mundo real para confirmar a eficácia prática do algoritmo de controlo proposto.

7.3 ÂMBITO FUTURO DO ESTUDO DE INVESTIGAÇÃO

- A implementação inicial do algoritmo de controlo proposto numa FPGA (Field-Programmable Gate Array) realça o seu potencial para aplicações práticas. Estudos futuros poderão centrar-se no aumento da escalabilidade e da eficiência para implementação em sistemas maiores.

- A possibilidade de substituir o controlo da tensão do elo CC baseado no FLC por técnicas de controlo inteligentes mais avançadas oferece uma direção promissora para melhorar ainda mais o sistema SHAPF. A tese também sugere que a substituição do FLC por um FLC adaptativo pode levar a ganhos adicionais de desempenho, abrindo novas vias de investigação.

- A exploração das capacidades do MHCC-DFCEA num espetro mais vasto de cenários operacionais poderia fornecer informações valiosas sobre a sua flexibilidade e adaptabilidade, alargando potencialmente a sua aplicação em vários contextos.

Em conclusão, o MHCC-DFCEA proposto demonstra vantagens significativas em termos de mitigação de harmónicas, cumprimento das normas e redução substancial da THD numa PV-SHAPF. Embora sejam assinaladas algumas limitações, particularmente no que diz respeito a estados operacionais específicos e à dependência de validação baseada em simulação, as direcções de investigação futuras delineadas oferecem caminhos para um maior desenvolvimento e aperfeiçoamento prático do algoritmo de controlo.

Printed by Books on Demand GmbH, Norderstedt / Germany